墨香财经学术文库

从非交换留数理论视角看带边流形

Manifolds with Boundary from Noncommutative Residue Theory Viewpoint

魏斯宁　著

东北财经大学出版社
Dongbei University of Finance & Economics Press

大连

图书在版编目（CIP）数据

从非交换留数理论视角看带边流形 / 魏斯宁著. —大连：东北财经大学出版社，2025.1. —（墨香财经学术文库）. —ISBN 978-7-5654-5472-1

Ⅰ.O189.3

中国国家版本馆CIP数据核字第20242J13R8号

东北财经大学出版社出版发行

　　大连市黑石礁尖山街217号　邮政编码　116025

　　网　　　址：http://www.dufep.cn

　　读者信箱：dufep@dufe.edu.cn

大连永盛印业有限公司印刷

幅面尺寸：170mm×240mm　字数：124千字　印张：10.75　插页：1

2025年1月第1版　　　　2025年1月第1次印刷

责任编辑：时　博　　　　责任校对：刘贤恩

封面设计：原　皓　　　　版式设计：原　皓

定价：56.00元

本书获得辽宁省教育厅基本科研业务费（2024年度东北财经大学优秀学术专著资助出版专项一般项目，项目批准号：ZZ202428）和国家自然科学基金（青年项目）（项目号：12301063）资助出版

前言

在非交换几何领域中，非交换留数是一个重要的概念。它起源于20世纪80年代初期，由学者 Wodzicki 在研究中提出，并因此得名为 Wodzicki 留数。非交换留数在数学和物理学中有着广泛的应用，包括在非交换框架下推导重力作用、构造共形不变量和深入研究非交换几何与共形几何之间的关系。此外，非交换留数还用于局部指标定理的计算，并扩展到无穷维空间的示性类理论。

随着研究的深入，越来越多的几何学者开始研究非交换留数，并取得了显著的成果。20世纪90年代，Connes 利用非交换留数导出了共形4维 Polyakov 作用类，并证明了在紧致流形上的非交换留数与拟微分算子上的 Dixmier 迹相同，确立了非交换留数在非交换积分中的重要地位。在后续研究中，Connes 猜想狄拉克算子的−2次方的非交换留数与Einstein-Hilbert作用成比例。1995年，Kastler对这一猜想进行了证明，Kalau和Walze也在法坐标系下证明了这一结论，因此该定理被称为Kastler-Kalau-Walze类型定理。

1996年，Ackermann在研究Dirac算子逆平方的非交换留数时，利用热核展开的方法对Kastler-Kalau-Walze类型定理进行了注记，发现狄拉克算子逆平方的非交换留数实质上是狄拉克算子平方的热核展开的第二个系数。同时，Fedosov等学者提出了在带边流形上研究非交换留数的思想，定义了Boutet de Monvel代数上的非交换留数，证明了它是唯一的连续迹。2006年至2007年间，学者王勇将Connes的结果推广到带边流形上，探讨了带边流形的共形不变问题和重力作用，证明了低维带边流形上关于Dirac算子、符号差算子的Kastler-Kalau-Walze类型定理，提供了研究带边流形上非交换留数的一种有价值的方法。

本书详细介绍了非交换留数的基本概念和原理，并重点探讨其在带边流形中的应用，内容包括微分几何的基础知识、Wodzicki留数和扩展的非交换留数理论，以及非交换留数理论在带边流形中的应用方法。

通过阅读本书，读者将对非交换留数理论及其在流形几何中的应用有一个全面的了解。不论是学术界的研究人员，还是对几何学和理论物理感兴趣的读者，本书都能提供一些有用的知识和工具，帮助读者在实际问题中尝试应用非交换留数理论时，取得一些进展。

最后，衷心感谢所有为本书的撰写和出版提供帮助的人员，以及所有支持和鼓励我的读者。希望本书能提供有关非交换留数理论在流形几何中的深入理解并激发在相关领域的进一步研究和探索。

限于个人的能力和水平，本书难免存在不足之处，恳请广大读者和专家批评指正。

作　者
2024 年 11 月

目　录

1

微分流形

本章旨在介绍光滑微分流形及其上的光滑函数。光滑微分流形是几何学中的一个核心概念，它允许我们在不依赖具体坐标系的情况下研究空间的几何性质。我们将从一个非空集合开始，逐步添加拓扑结构和光滑结构，使其成为一个光滑微分流形。首先，我们赋予集合一个拓扑结构，使其成为一个拓扑空间。其次，通过定义坐标图和光滑的坐标变换，引入光滑结构，使这个拓扑空间成为一个光滑微分流形。最后，我们讨论流形上的光滑函数，这些函数在局部坐标图中可以无穷次微分。通过这些步骤，我们建立了一个完整的理论框架，使我们能够研究和分析各种几何对象和现象。这一章将为后续的更深入的研究奠定基础。

1.1 拓扑空间

在探讨数学领域时，我们常会遇到抽象的非空集合。这些集合本身并不具备固有的结构，元素间缺乏直接的联系，因而无法直接讨论哪些元素相互邻近，也无法直接定义连续函数或映射。为了克服这一局限，我们引入了拓扑结构的概念。

拓扑结构的关键在于，在集合中明确指定一组特定的子集，这些子集被称为开集。通过这些精心选择的开集，我们能够定义诸如邻域、连续性等基础的拓扑概念。这一举措不仅为集合赋予了新的内涵，更使得我们能够在此基础上进行更深入的分析和研究。

简言之，拓扑结构为原本抽象的集合赋予了新的生命力，使其蜕变为一个拓扑空间。这一转变不仅为研究连续映射提供了可能，更为我们探索更复杂的数学对象奠定了坚实的基础。

定义 1.1 给定一个非空集合 M，定义集合 σ，该集合包含 M 的一些子集，并满足以下三个条件：

（1）包含全集与空集：空集 $\varnothing$ 和整个集合 M 本身都必属于 σ；

（2）并集的封闭性：如果 M 中的任意多个子集 $\{U_i | i \in I\}$ 都属于 σ，那么这些子集的并集也必属于 σ；

（3）交集的封闭性：如果 U 和 V 是 σ 中的任意两个元素，则它们的交集也必属于 σ，满足上述三个条件的集合 σ 被称为集合 M 的一个拓扑（或拓扑结构）。

一旦在非空集合 M 上确立了一个拓扑 σ，则称有序对 (M, σ) 为一个拓扑空间。在这个拓扑空间中，σ 的成员被称为 M 的开子集。

现在，我们来更细致地讨论一下集合 M 中某个特定点 p 的邻域。考虑 M 中的任意点 p 以及任何包含点 p 的子集 B。如果存在一个开集 $U \in \sigma$，它满足 $p \in U$ 并且 U 完全包含在 B 中，则称 B 是点 p 的一个邻域。

值得注意的是，由于开集的定义，任何开集 $U \in \sigma$ 都是其内部所有点的开邻域，因为对于 U 中的任意点 p，U 本身就是一个包含 p 的开集，且完全包含在 U 中。

1.2 拓扑基

在非空集合 M 上，我们可以通过引入一个特殊的子集集合来指定其拓扑结构，这个特殊的集合被称为拓扑基。

定义 1.2 拓扑基 B 是 M 的一些子集的集合，满足以下条件：

（1）B 是 M 的覆盖，即 $\bigcup_{U \in B} U = M$；

（2）对于 B 中的任意两个集合 U 和 V，它们的交集 $U \cap V$ 可以表示成 B 中某些集合的并集。

若 B 是集合 M 的一个拓扑基，我们可以定义一个新的集合族 σ，如下所示：

$$\sigma = \{ U \subset M | U \text{ 可以表示为 } B \text{ 中某些集合的并集} \}$$

容易证得 σ 确实构成了 M 上的一个拓扑，并且这个拓扑是 M 的包含拓扑基 B 在内的最小拓扑。这意味着，由 B 生成的 σ 是包含 B 的所有可能拓扑中最"小"的一个（这里的"小"指的是包含关系）。

具体来说，σ 被称为由拓扑基 B 在 M 上生成的拓扑。要验证 σ 是一个拓扑，我们需要检查它满足拓扑的三个基本性质：任意多个元素的并集、有限个元素的交集以及空集和全集都在 σ 中。由于 B 的定义和 σ 的构造，这些性质都能得到满足。

此外，我们还需证明 σ 是包含 B 的最小拓扑。即，如果 τ 是 M 的另一个拓扑，并且 τ 包含 B，那么我们可以断言 $\sigma \subset \tau$。这是因为 σ 中的每个元素都可以表示为 B 中元素的并集，而由于 τ 是拓扑，它对并集运算封闭，因此 σ 中的每个元素也必须在 τ 中。

最后，值得注意的是，拓扑空间 (M, σ) 的拓扑 σ 本身也可以视为 M 的一个拓扑基。然而，在一般情况下，拓扑基 B 仅仅是 σ 的一个子集，而不是整个 σ。这是因为 B 中的元素通过并集运算可以生成 σ 中的所有元素，但 σ 可能还包含其他通过更复杂的并集和交集运算得到的元素。

拓扑基 B 的选择通常基于研究的需要或者对象的固有属性，它能够方便地描述空间的结构，而不需要引入所有可能的开集。因此，虽然 σ 是完整的拓扑基，但在实际操作中，我们往往选择更小的 B 来简化问题。

定义 1.3 设 M 是一个非空集合。当我们为集合 M 指定一个特定的映射 $d: M \times M \to \mathbb{R}$，该映射需满足以下三个核心属性，方可被称为 M 上的一个距离函数：

（1）非负性：对于集合 M 中的任意两个元素 x 和 y，都有 $d(x, y) \geq 0$，当且仅当 x 与 y 相等时，等号成立。

（2）对称性：对于 M 中任意两个元素 x 和 y，$d(x, y) = d(y, x)$。

（3）三角不等式：对于 M 中的任意三个元素 x、y 和 z，$d(x, z) \leq d(x, y) + d(y, z)$。

一旦我们在非空集合 M 上定义了这样一个满足上述条件的距离函数 d，我们就称 (M, d) 为一个度量空间。

在实数集 $\mathbb{R}^n$ 中，我们引入一个特定的函数 d，该函数定义了两个点之间的"距离"。对于任意两个点 $x = (x^1, \cdots, x^n)$ 和 $y =$

$(y^1, \cdots, y^n)$，函数 d 的具体形式如下：

$$d(x, y) = \sqrt{(x^1 - y^1)^2 + (x^2 - y^2)^2 + \cdots + (x^n - y^n)^2}$$

由于 d 满足了距离函数的所有条件，我们可以断言 d 是一个有效的距离函数，它赋予了 $\mathbb{R}^n$ 一个度量结构，使其成为一个度量空间。

度量空间 (M, d) 可以通过一个自然的诱导拓扑 σ 来描述。这个拓扑 σ 是由以下的拓扑基 B 生成的：

$$B = \{ B(x, r) = \{ y \in M | d(x, y) < r \} | x \in M, 0 < r < \infty \}$$

显然，B 可覆盖整个集合 M。此外，如果 $B(x, r) \bigcap B(y, s) \neq \emptyset$，任取一点 $z \in B(x, r) \bigcap B(y, s)$，意味着 $d(x, z) < r$ 和 $d(y, z) < s$。接着，选择一个 ε，使得 $0 < \varepsilon < \min \{ r - d(x, z), s - d(y, z) \}$。当 $\omega \in B(z, \varepsilon)$ 时，有 $d(y, \omega) < \varepsilon$。根据三角不等式，可以推导出：

$$d(x, \omega) \leqslant d(x, z) + d(z, \omega) < d(x, z) + \varepsilon < r$$

同样地，我们能够再证明 $d(y, \omega) < s$，因此，$\omega \in B(x, r) \bigcap B(y, s)$，即 $B(z, \varepsilon) \subset B(x, r) \bigcap B(y, s)$。由于 z 是 $B(x, r) \bigcap B(y, s)$ 中的任意元素，这表明 $B(x, r) \bigcap B(y, s)$ 可以表示为 B 中若干成员的并集。这证明了 B 是 (M, d) 的一个拓扑基。由拓扑基 B 生成的度量空间 (M, d) 的诱导拓扑 σ 的成员是 B 中若干成员的并集。

1.3 连续函数与连续映射

定义 1.4 设 (M, σ) 是一个拓扑空间，并考虑定义在 M 上的函数 $f: M \to \mathbb{R}$，若 $p \in M$，对于任意 $\varepsilon > 0$，都存在一个包含 p 的开集 $U \in \sigma$，使得对于 U 中的任意点 q，都有 $|f(p) - f(q)| < \varepsilon$，即函数值 $f(p)$ 落在 $f(q)$ 的 ε-邻域内，也即 $f(U) \subset (f(p) - \varepsilon, f(p) + \varepsilon)$，则称函数 f 在点 p 处是连续的。若函数 f 在 M 的所有点上均满足这一条件，则称 f 在 M 上是连续的。

定义 1.5 设 (M, σ) 和 (N, τ) 是两个拓扑空间，$f: M \to N$ 是从 M 到 N 的映射。对于任意点 $p \in M$，若对于 N 中包含 $f(p)$ 的任意开集 $V \in \tau$，总能在 M 中找到包含 p 的开集 $U \in \sigma$，使得 U 中的所有点 q 都在 f 的映射下属于 V，即 $f(U) \subset V$，则称映射 f 在点 p 处是连续的。若映射 f 在 M 的所有点上都是连续的，则称 f 在 M 上是连续的。

定义 1.6 若 $f: M \to N$ 是拓扑空间 (M, σ) 和 (N, τ) 之间的一一对应（既是单射又是满射），且 f 和其逆映射 f^{-1} 都是连续的，则称 f 是 M 和 N 之间的同胚。

定理 1.1 设 (M, σ) 和 (N, τ) 是两个拓扑空间，则 $f: M \to N$ 为连续映射的充分必要条件是对于任意的 $V \in \tau$，都有 $f^{-1}(V) \in \sigma$。

证明：

必要性：假设 $f: M \to N$ 是一个连续映射，且 V 是 N 中的一个开子集。如果 $f^{-1}(V)$ 为空集，那么显然 $f^{-1}(V)$ 是 M 中的开集（因为空集在任何拓扑空间中都是开集）。现在，我们假设 $f^{-1}(V)$ 非空，并取定任一点 $p \in f^{-1}(V)$，这意味着 $f(p)$ 必定在 V 中。

根据 f 在点 p 的连续性，我们知道对于包含 $f(p)$ 的任意开集 V，存在 M 中的一个开集 U，该开集包含点 p 并且满足 $f(U) \in V$。换句话说，U 是 p 的一个开邻域，并且其像集完全包含在 V 中。因此，我们得出 $U \subset f^{-1}(V)$，即 $f^{-1}(V)$ 也是 M 中的一个开集。

充分性：假设映射 $f: M \to N$ 满足以下条件：对于任意的 $V \in \tau$，都有 $f^{-1}(V) \in \sigma$。对于任意点 $p \in M$，设 V 是 N 中包含 $f(p)$ 的任意开子集。因为 V 是 N 的开集，根据假设，其逆像 $f^{-1}(V)$ 是 M 中的开集。又因为 $f(p) \in V$，所以 $p \in f^{-1}(V)$。

由于 $f^{-1}(V)$ 是 M 中的开集，且 $p \in f^{-1}(V)$，因此存在 M 中包含 p 的开集 $U = f^{-1}(V)$，满足 $f(U) \subseteq V$。这证明了映射 f 在点 p 是连续的。由于 $p \in M$ 是任意的，我们可以得出映射 $f: M \to N$ 在整个 M 上都是连续的。

1.4　拓扑性质

接下来介绍几个拓扑性质：

（1）考虑一个拓扑空间(M, σ)，若对于M中任意两个不相等的点p和q，我们总能在σ中找到两个互不相交的开集U和V，使得$p \in U$，而$q \in V$，那么这样的拓扑空间(M, σ)被称为Hausdorff空间。Hausdorff空间的这一特性确保了其内部的点对之间可以通过不相交的开集进行"分离"。

（2）考虑一个拓扑空间(M, σ)，σ是定义在M上的一族子集构成的拓扑。如果它拥有一个由可数多个成员组成的子集B，且这个子集B是σ的一个拓扑基（即，M中的每个开集都是B中元素的并集），则称拓扑空间(M, σ)满足第二可数公理，或者称它是第二可数的。这一性质意味着该拓扑空间具有一种"可数"的简洁性，其开集结构可以由一个可数集合来完全描述。

尽管一般的度量空间不必然满足第二可数公理，但我们有一个重要的概念称为可分性。如果一个拓扑空间含有一个可数的稠密子集，则我们称这个拓扑空间是可分的。值得注意的是，可分的度量空间必定具有第二可数公理。

（3）考虑一个拓扑空间(M, σ)，若不存在两个互不相交的开子集U，$V \in \sigma$，使得$U \bigcup V = M$，则称(M, σ)是连通的。

若考虑拓扑空间(M, σ)中任意两点p，$q \in M$，都存在一个连续映射$\gamma : [0, 1] \to M$，使得$\gamma(0) = p$，$\gamma(1) = q$，则称(M, σ)是道路连通的。

道路连通拓扑空间必定是连通的，但是连通拓扑空间未必是道路连通的。

1.5 拓扑流形

定义 1.7 设 (M, σ) 是一个 Hausdorff 拓扑空间。如果对于该空间中的每一点 p，都存在一个包含 p 的开邻域 $U \in \sigma$，以及一个与 n 维欧氏空间 $\mathbb{R}^n$ 之间的映射 $\varphi: U \to \mathbb{R}^n$，使得 $\varphi(U)$ 是 $\mathbb{R}^n$ 中的开子集，且 φ 在 U 和其像集 $\varphi(U)$ 之间建立了拓扑上的同胚关系（即 φ 及其逆映射都是连续的），那么就称 (M, σ) 是一个 n 维拓扑流形。

由于 $\varphi: U \to \varphi(U) \subset \mathbb{R}^n$ 是同胚映射，因此对于 U 中的每一点 q，像点 $\varphi(q) \in \mathbb{R}^n$ 有唯一确定的坐标，记为 $\left((\varphi(q))^1, (\varphi(q))^2, \cdots, (\varphi(q))^n \right)$。

我们将这个坐标称为点 q 在 $\varphi(q)$ 下的坐标，简记为 $u^i(q) = (\varphi(q))^i$，其中 $i = 1, \cdots, n$。这样便得到点 p 的局部坐标系，记为 $(U; u^1, \cdots, u^n)$ 或简记为 $(U; u^i)$。

通常，称 (U, φ) 为坐标卡，而映射 $\varphi: U \to \varphi(U) \subset \mathbb{R}^n$ 被称为坐标映射。由此可见，n 维拓扑流形 (M, σ) 是在其每一点 p 附近都存在局部坐标系 $(U; u^i)$ 的拓扑空间。因此在点 $p \in M$ 连续的函数 $f: M \to \mathbb{R}$ 可以借助该点附近的局部坐标系 $(U; u^i)$ 表示为 n 个实变量的连续函数。具体来说，对于 U 中的任意点 q，有：

$$f(q) = f \circ \varphi^{-1} \left(u^1(q), \cdots, u^n(q) \right), \quad q \in U$$

在 n 维拓扑流形 M 上，我们定义坐标卡集为包含所有可能的坐标卡$(U，\varphi)$的集合，其中U是M的开子集，$\varphi: U \to \mathbb{R}^n$是一个同胚映射，且$\varphi(U)$是$\mathbb{R}^n$中的开子集。这个坐标卡集也被称为拓扑流形$M$的流形结构。这个流形结构是极大化的，意味着对于$M$中的任意一点$p$，都存在无穷多个包含$p$的坐标卡，这些坐标卡间没有特别的优先级或限制，只要它们满足上述条件即可。因此，当我们谈论n维拓扑流形$(M，\sigma)$时，我们不仅关注其上的单个坐标卡，而且关注由这些坐标卡构成的完整的坐标卡集。M中的每一点p有很多包含它在内的坐标卡，而每一个包含它在内的坐标卡都是容许的，彼此之间没有区别。

若$(U，\varphi)$和$(V，\psi)$是两个包含点p的局部坐标卡，则它们的交集必然非空，且在交集上存在两个局部坐标系$(U \cap V；u^i)$和$(U \cap V；v^i)$。这两个坐标系之间的坐标变换是连续的，即一个坐标系的坐标可以表示为另一个坐标系坐标的连续函数。具体来说，由于φ是U和$\mathbb{R}^n$中的开子集$\varphi(U)$之间的同胚，而ψ是V和$\mathbb{R}^n$中的开子集$\psi(V)$之间的同胚，因此φ和ψ分别是$U \cap V$和$\mathbb{R}^n$中相应开子集$\varphi(U \cap V)$、$\psi(U \cap V)$之间的同胚。于是得到以下两个连续映射，它们分别描述了从一个坐标系到另一个坐标系的坐标变换：

$$\varphi \circ \psi^{-1}: \psi(U \cap V) \to \varphi(U \cap V)$$

$$\psi \circ \varphi^{-1}: \varphi(U \cap V) \to \psi(U \cap V)$$

这就是说，对于任意的点$q \in U \cap V$，我们有坐标变换：

$$u^i(q) = \left(\varphi(q)\right)^i = \left(\varphi \circ \psi^{-1}\left(\psi(q)\right)\right)^i = (\varphi \circ \psi^{-1})^i\left(v^1(q),\ \cdots,\ v^n(q)\right)$$

$$v^i(q) = \left(\psi(q)\right)^i = \left(\psi \circ \varphi^{-1}\left(\varphi(q)\right)\right)^i = (\psi \circ \varphi^{-1})^i\left(u^1(q),\ \cdots,\ u^n(q)\right)$$

它们都是连续的且互为反函数。

1.6　光滑流形

对于 n 维拓扑流形 $(M,\ \sigma)$，定义在 M 上的连续函数 $f\colon M \to \mathbb{R}$ 在坐标卡 $(U,\ \varphi)$ 下可以表示为 n 个实变量的连续函数：

$$f \circ \varphi^{-1}(u^1,\ \cdots,\ u^n)$$

此时，函数 $f \circ \varphi^{-1}(u^1,\ \cdots,\ u^n)$ 的偏导数和连续可微性可以依照多元微积分理论来定义。然而，这种连续可微性并不直接等同于函数 f 本身的连续可微性，因为当考虑另一个坐标卡 $(V,\ \psi)$ 时，对应的 n 个实变量的连续函数变为 $f \circ \psi^{-1}(v^1,\ \cdots,\ v^n)$。此时，

$$f \circ \psi^{-1}(v^1,\ \cdots,\ v^n) = \left((f \circ \varphi^{-1}) \circ (\varphi \circ \psi^{-1})\right)(v^1,\ \cdots,\ v^n)$$

连续可微性依赖于坐标变换 $\varphi \circ \psi^{-1}$ 的性质。如果坐标变换 $\varphi \circ \psi^{-1}$ 不连续可微，那么 $f \circ \varphi^{-1}$ 和 $f \circ \psi^{-1}$ 的连续可微性是不可能一致的。为了确保函数 $f\colon M \to \mathbb{R}$ 在不同坐标卡下具有一致的连续可微性，我们必须对流形 M 上所容许使用的坐标卡进行适当的选择。这些选出的坐标卡构成了流形 M 上容许使用的坐标卡集合，而其他坐标卡则不被容许使用。这样的选择使得连续可微函数的概念得以在流形 M 上被明确定义。通过恰当地选择满足一定条件的容许坐标卡集

合，我们得到了流形 M 上所谓的微分结构。

定义 1.8 设 (M, σ) 是一个 n 维拓扑流形，(U, φ) 和 (V, ψ) 是 M 上的两个坐标卡。若 U 和 V 的交集为空集，或者当 U 和 V 存在非空交集时，以下坐标变换：

$$\varphi \circ \psi^{-1}: \psi(U \cap V) \subset \mathbb{R}^n \to \varphi(U \cap V) \subset \mathbb{R}^n$$

和

$$\psi \circ \varphi^{-1}: \varphi(U \cap V) \subset \mathbb{R}^n \to \psi(U \cap V) \subset \mathbb{R}^n$$

均是由 n 个 n 元函数组成，且这些函数的任意阶偏导数均存在且连续，则称坐标卡 (U, φ) 和 (V, ψ) 是 C^∞-相关的。

定义 1.9 n 维拓扑流形 (M, σ) 的一个 C^∞-坐标覆盖 A 是一组坐标卡的集合，具体定义为

$$A = \{(U_\alpha, \varphi_\alpha)|(U_\alpha, \varphi_\alpha) \text{是} M \text{的坐标卡}, \alpha \in I\}$$

其中 I 是一个指标集。这个坐标覆盖满足以下条件：

（1）$\{U_\alpha | \alpha \in I\}$ 是 M 的一个覆盖，即 $\bigcup\limits_{\alpha \in I} U_\alpha = M$；

（2）A 中的任意两个坐标卡 $(U_\alpha, \varphi_\alpha)$ 和 (U_β, φ_β) 都是 C^∞-相关的。

定义 1.10 n 维拓扑流形 (M, σ) 的一个 C^∞ 结构 $\mathfrak{F}$ 是指 M 的一个极大的 C^∞ 坐标覆盖，定义为 $\mathfrak{F} = \{(U_\alpha, \varphi_\alpha)|\alpha \in I\}$，其中 I 是一个指标集。这个 C^∞ 结构满足以下条件：

（1）$\{U_\alpha | \alpha \in I\}$ 是 M 的一个覆盖；

（2）$\mathfrak{F}$ 中的任意两个坐标卡 $(U_\alpha, \varphi_\alpha)$ 和 (U_β, φ_β) 都是 C^∞-相关的；

（3）如果 (V, ψ) 是 M 的一个坐标卡，并且它与 $\mathfrak{F}$ 中的每一个成

员都是 C^∞-相关的，则 (V, ψ) 必定属于 $\mathfrak{I}$。

定理 1.2 设 A 是 n 维拓扑流形 (M, σ) 的一个 C^∞ 坐标覆盖。定义：

$$\mathfrak{I} = \left\{ (U, \varphi) \middle| \begin{array}{l} (U, \varphi) \text{是} M \text{的坐标卡，且它与} A \text{中} \\ \text{的每一个成员都是} C^\infty - \text{相关的} \end{array} \right\}$$

则 $\mathfrak{I}$ 是 (M, σ) 上包含 A 在内的唯一 C^∞ 结构，称为由 A 生成的 C^∞ 结构。

由此可见，在 n 维拓扑流形 (M, σ) 上指定一个 C^∞ 结构 $\mathfrak{I}$，仅需指定其一个 C^∞ 坐标覆盖 A 即可。这种方法为在 M 上定义 C^∞ 结构 $\mathfrak{I}$ 带来了极大的便利。

证明：由于 $\mathfrak{I} \supset A$，若 M 的坐标卡 (U, φ) 与 $\mathfrak{I}$ 中的每一个成员都是 C^∞-相关的，则它必然与 A 中的每一个成员也是 C^∞-相关的。因此，根据 $\mathfrak{I}$ 的定义，(U, φ) 必定属于 $\mathfrak{I}$。由此构造的 $\mathfrak{I}$ 自然满足极大性条件，因为它包含了所有与 $A C^\infty$-相关的坐标卡。接下来，我们只需证明 $\mathfrak{I}$ 中的任意两个成员都是 C^∞-相关的。

设 (U, φ) 和 (V, ψ) 是 M 的属于 $\mathfrak{I}$ 的两个坐标卡，假设 $U \cap V \neq \varnothing$。对于任意点 $p \in U \cap V$，由于 A 是 M 的 C^∞ 坐标覆盖，存在一个坐标卡 $(U_\alpha, \varphi_\alpha) \in A$ 使得 $p \in U_\alpha$。

由于 $U \cap U_\alpha \neq \varnothing$ 和 $V \cap U_\alpha \neq \varnothing$，并且 (U, φ) 与 $(U_\alpha, \varphi_\alpha)$，以及 (V, ψ) 与 $(U_\alpha, \varphi_\alpha)$ 都是 C^∞-相关的，我们可以选择一个包含点 p 的开邻域 $W \subset U \cap V \cap U_\alpha$，使得以下的坐标变换：

$$\varphi_\alpha \circ \varphi^{-1}: \varphi(W) \to \varphi_\alpha(W), \quad \varphi \circ \varphi_\alpha^{-1}: \varphi_\alpha(W) \to \varphi(W)$$

和

$$\varphi_\alpha \circ \psi^{-1}: \psi(W) \to \varphi_\alpha(W), \quad \psi \circ \varphi_\alpha^{-1}: \varphi_\alpha(W) \to \psi(W)$$

都是 C^∞ 的。

现在，由于 $\psi \circ \varphi^{-1} = (\psi \circ \varphi_\alpha^{-1}) \circ (\varphi_\alpha \circ \varphi)$，$\varphi \circ \psi^{-1} = (\varphi \circ \varphi_\alpha^{-1}) \circ (\varphi_\alpha \circ \psi^{-1})$，我们可以利用复合函数求导法则得出，坐标变换：

$$\psi \circ \varphi^{-1}: \varphi(W) \to \psi(W), \quad \varphi \circ \psi^{-1}: \psi(W) \to \varphi(W)$$

也是 C^∞ 的。因此证明了坐标卡 (U, φ) 和 (V, ψ) 是 C^∞ 相关的。证毕。

在光滑流形上定义光滑函数的概念，依赖于流形上的光滑结构。设 $(M, \mathfrak{I})$ 是一个 n 维光滑流形，$f: M \to \mathbb{R}$ 是定义在 M 上的函数。对于点 $p \in M$，存在一个包含 p 的容许坐标卡 (U, φ)，并对应着局部坐标系 $(U; u^i)$。在 U 上，函数 f 的限制可以表示为 n 元函数：

$$f(q) = f|_U \circ \varphi^{-1}\big(u^1(q), \cdots, u^n(q)\big), \quad q \in U$$

若 n 元函数 $f|_U \circ \varphi^{-1}: \varphi(U)(\subset \mathbb{R}^n) \to \mathbb{R}$ 在点 $\varphi(p)$ 的一个开邻域内具有连续的任意阶偏导数，则称 f 在点 p 是光滑的。值得注意的是，这一性质与包含点 p 的容许坐标卡的选取无关。

假设 (V, ψ) 是另一个包含点 p 的容许坐标卡，那么 $U \cap V$ 是包含点 p 的开子集，并且

$$f|_{U \cap V} \circ \psi^{-1} = (f|_{U \cap V} \circ \varphi^{-1}) \circ (\varphi \circ \psi^{-1}): \psi(U \cap V) \to \mathbb{R}$$

因为局部坐标变换 $\varphi \circ \psi^{-1}$ 在 $\psi(U \cap V)$ 上是光滑的，根据复合函数求导的链式法则，若 $f|_{U \cap V} \circ \varphi^{-1}$ 在点 $\varphi(p)$ 的一个开邻域内光滑，因

此$f|_{U \cap V} \circ \psi^{-1}$在点$\psi(p)$的一个开邻域内也是光滑的。反之亦然。定义在点$p$的某个开邻域上且在点$p$是光滑的函数的集合记为$C_p^\infty$。在集合$C_p^\infty$中，可定义加法与乘法。设$f$，$g \in C_p^\infty$，则$f$是在$p$点的开邻域$U$内有定义且光滑的函数，$g$是在点$p$的开邻域$V$内有定义且光滑的函数，所以函数$f + g$和$f \cdot g$被视为在点$p$的开邻域$U \cap V$内有定义且光滑的函数，因此$f + g$，$f \cdot g \in C_p^\infty$。

在n维光滑流形M上的每一点处，若函数$f: M \to \mathbb{R}$都是光滑的，则称f是M上的光滑函数。将M上所有光滑函数的集合记为$C^\infty(M)$。显然，对于每一点$p \in M$，都有$C^\infty(M) \subset C_p^\infty$。集合$C^\infty(M)$配备加法和乘法运算，从而构成一个模（即具有封闭乘法的向量空间）。

光滑流形上光滑函数的概念可推广至光滑流形之间的光滑映射。设$(M, \mathfrak{I})$是m维光滑流形，(N, F)是n维光滑流形，$f: M \to N$是从M到N的映射，$p \in M$。若存在N中包含$f(p)$的容许坐标卡$(V, \psi) \in F$以及M中包含p的容许坐标卡$(U, \varphi) \in \mathfrak{I}$，使得$f(U) \subset V$，且映射$\psi \circ f \circ \varphi^{-1}: \varphi(U) \to \psi(V)$在点$\varphi(p)$的一个开邻域内光滑，则称映射$f$在点$p$光滑。值得注意的是，这一性质与包含点$p$的容许坐标卡$(U, \varphi)$以及包含点$f(p)$的容许坐标卡$(V, \psi)$的选取无关。若$f: M \to N$在$M$的每一点都是光滑的，则称$f$是光滑的。

定义 1.11 设$(M, \mathfrak{I})$和(N, F)是两个n维光滑流形，$f: M \to N$是从M到N的单一满映射，因此它有逆映射$f^{-1}: N \to M$。若f和f^{-1}都是光滑的，则称光滑流形$(M, \mathfrak{I})$和(N, F)是光滑同胚的，

且称 f 是光滑同胚的。

设 $\mathfrak{I}$ 和 F 是 n 维拓扑流形 M 上的两个光滑结构，若光滑流形 $(M, \mathfrak{I})$ 和 (N, F) 是光滑同胚的，则称光滑结构 $\mathfrak{I}$ 和 F 是等价的。

2

切向量场

本章旨在介绍光滑流形上几个核心的数学概念：切向量、切空间和切向量场。在 n 维欧氏空间 $\mathbb{R}^n$ 中，这些概念分别对应于向量、向量空间和向量场。在 $\mathbb{R}^n$ 中，向量通常被定义为连接任意两点 p，$q \in \mathbb{R}^n$ 的有向线段 $\overrightarrow{pq}$。然而，为了构建一个具有加法运算的向量集合，我们需要考虑所谓的自由向量，即只关注向量的长度和方向，而忽略其起始点。为此，我们引入了一个等价关系：两个向量 $\overrightarrow{pq}$ 和 $\overrightarrow{rs}$ 等价（或相等），当且仅当这四个点 p，q，r，$s \in \mathbb{R}^n$ 构成一个平行四边形。基于上述等价关系，$\mathbb{R}^n$ 中的自由向量实际上是这些等价类的代表元素。两个自由向量的和定义为将它们首尾相接所得到的新自由向量。一个重要的数学事实是，$\mathbb{R}^n$ 中所有自由向量的集合构成了一个线性空间（或称为向量空间），它支持加法和数乘两种基本运算。

然而，在光滑流形上，由于缺乏全局的线段和平行性概念（尽管在局部坐标系中可以定义这些概念，但这些定义在坐标变换下并不保持不变），因此 $\mathbb{R}^n$ 中的自由向量概念无法直接推广到光滑流形上。为了解决这个问题，我们转向另一种定义方式。在 $\mathbb{R}^n$ 的某一点 p 处，一个向量 $v = \overrightarrow{pq}$ 可以用来定义一个方向导数：

$$D_v: \ C_p^\infty \to \mathbb{R}$$

在光滑流形上，切向量的概念类似于这种方向导数的作用。它们是在流形上某点处定义方向导数的工具，而不是直接对应于有向线段。通过这种方式，我们可以在光滑流形上定义切向量、切空间和切向量场等概念。

2.1　切向量

定义 2.1　设 M 是一个 n 维光滑流形，$p \in M$ 是 M 上的一个点。在点 p 处的切向量 v 是一个特殊的映射 $v\colon C_p^\infty \to \mathbb{R}$，它满足以下两个基本性质：

（1）对于任意的 $f,\ g \in C_p^\infty$ 以及任意的实数 λ，有：

$$v(f + \lambda \cdot g) = v(f) + \lambda \cdot v(g)$$

这说明映射 v 对于函数的加法和数乘是线性的。

（2）对于任意的 $f,\ g \in C_p^\infty$，有 $v(f \cdot g) = v(f) \cdot g(p) + f(p) \cdot v(g)$，这一性质被称为 Leibniz 法则，它描述了切向量在函数乘积上的作用方式。

根据以上两个条件，我们可以定义在点 p 处的切向量为满足线性性质和 Leibniz 法则的映射 $v\colon C_p^\infty \to \mathbb{R}$。

2.2　切空间

n 维光滑流形 M 在点 p 的所有切向量的集合，我们记之为 T_pM，这是一个具备特定结构的集合。具体来说，T_pM 是一个向量空间，我们称之为光滑流形 M 在点 p 的切空间。该空间中的元素（即切向量）满足特定的线性性质，并允许定义加法和数乘法运算。

对于 T_pM 中的任意两个切向量 u 和 v，它们的和定义为一个新的

映射 $u + v : C_p^\infty \to \mathbb{R}$，该映射对任意 $f \in C_p^\infty$ 满足：

$$(u + v)(f) = u(f) + v(f)$$

类似地，对于 T_pM 中的任意切向量 u 和实数 λ，它们的乘积 $\lambda \cdot u$ 同样定义为一个新的映射 $\lambda \cdot u : C_p^\infty \to \mathbb{R}$，该映射对任意 $f \in C_p^\infty$ 满足：

$$(\lambda \cdot u)(f) = \lambda \cdot u(f)$$

为了验证上述定义确实满足切向量的两个条件，并确认 T_pM 确实是一个向量空间，我们可以按照以下步骤进行：

首先，对于 T_pM 中的任意两个切向量 u 和 v，以及任意的 $f, g \in C_p^\infty$ 和 $\mu \in \mathbb{R}$，我们考虑它们的和 $u + v$。根据定义，有：

$$(u + v)(f + \mu \cdot g) = (u + v)(f) + \mu \cdot (u + v)(g)$$

这表明 $u + v$ 保持了切向量的线性性质。

接着，我们检查 $u + v$ 是否也满足 Leibniz 法则。计算可得：

$$(u + v)(f \cdot g) = f(p) \cdot (u + v)(g) + (u + v)(f) \cdot g(p)$$

同样地，对于任意实数 λ 和切向量 u，考虑 $\lambda \cdot u$。根据定义，有：

$$(\lambda \cdot u)(f + \mu \cdot g) = (\lambda \cdot u)(f) + \mu \cdot (\lambda \cdot u)(g)$$

并且

$$(\lambda \cdot u)(f \cdot g) = f(p) \cdot (\lambda \cdot u)(g) + (\lambda \cdot u)(f) \cdot g(p)$$

因此，$u + v$ 和 $\lambda \cdot u$ 都满足切向量的两个条件，即它们也是光滑流形 M 在点 p 的切向量。

进一步地，由于 T_pM 中的加法和数乘法满足向量空间的八条公理，我们可以确认 T_pM 确实是一个向量空间。我们接下来看下面这个定理。

定理 2.1 设 M 是 n 维光滑流形，(U, φ) 是点 $p \in M$ 的容许坐标卡，$(U; u^i)$ 是相应的局部坐标系，则 $\left\{ \frac{\partial}{\partial u^1}|_p, \frac{\partial}{\partial u^2}|_p, \cdots, \frac{\partial}{\partial u^n}|_p \right\}$ 是切空间 $T_p M$ 的基底。因此切空间 $T_p M$ 的维数是 n。（请自行证明）

2.3 切向量场

设 M 是 n 维光滑流形，其上任一点 $p \in M$ 处的切向量集合记作 $T_p M$。

在本小节中，将赋予 M 在各点的所有切向量组成的集合 $TM = \bigcup_{p \in M} T_p M$ 一个自然的光滑结构，使 TM 本身也成为一个 $2n$ 维的光滑流形，这一结构被称为光滑流形 M 上的切向量丛，或简称为 M 上的切丛。

在第 1 章当中，我们已经讨论了流形结构如何允许在拓扑空间上引入局部坐标系，从而允许集合中的每一个元素通过一组有序的实数来表示。对于光滑流形 M 而言，给定点 $p \in M$ 的坐标卡 (U, φ)，点 p 拥有一个局部坐标系 $(U; u^i)$，其中集合 U 中的每一点 q 都拥有确定的坐标 $(u^1(q), u^2(q), \cdots, u^n(q))$。

在点 q 的切空间 $T_q M$ 中，存在自然的基底 $\left\{ \frac{\partial}{\partial u^1}, \frac{\partial}{\partial u^2}, \cdots, \frac{\partial}{\partial u^n} \right\}$，因此，点 q 上的任意切向量 $X \in T_q M$ 可以表

示为：

$$X = X^1 \frac{\partial}{\partial u^1} + \cdots X^n \frac{\partial}{\partial u^n}$$

其中$(X^1, \cdots X^n)$是切向量X的分量。换言之，落在区域U内的任意一点q上的切向量X对应于$2n$个实数$(u^1(q), \cdots, u^n(q), X^1, \cdots X^n)$，其中前$n$个实数代表切向量$X$的起点的坐标，而后$n$个实数则是切向量$X$的分量。

反过来，给定一组$2n$个实数$(u^1, \cdots, u^n, X^1, \cdots X^n) \in \varphi(U) \times \mathbb{R}^n$，我们可以确定点$q = \varphi^{-1}(u^1, \cdots, u^n) \in U$，并且这组实数恰好对应于点$q$上的切向量：

$$X = X^1 \frac{\partial}{\partial u^1} + \cdots X^n \frac{\partial}{\partial u^n}$$

基于此，我们可以将$(u^1, \cdots, u^n, X^1, \cdots X^n)$作为区域$TU = \bigcup_{q \in M} T_q M$上的一种广义坐标系，它同时描述了点的位置和该点上的切向量。

为了明确给出切丛TM的拓扑结构和光滑结构，首先定义一个自然的投影映射$\pi: TM \to M$。对于光滑流形M中的任意一点$p \in M$及其上的一个切向量$X \in T_p M$，我们定义$\pi(X) = p$。这样，对于M中的每一个点p，其逆像$\pi^{-1}(p)$恰好是点p处的切空间。

现在，假设光滑流形M的光滑结构由坐标卡$(U_\alpha, \varphi_\alpha)$给出，其中$\alpha \in I$是一个指标集。基于这些坐标卡，我们可以构造$TM$的一个开覆盖$\{W_\alpha: \alpha \in I\}$，其中$W_\alpha = \pi^{-1}(U_\alpha) = \bigcup_{p \in U_\alpha} T_p M$。

对于每个固定的 $\alpha \in I$，定义映射 $\varpi_\alpha \colon \varphi_\alpha(U_\alpha) \times \mathbb{R}^n \to W_\alpha$，具体地，对于任意的 $(u^1, \cdots, u^n) \in \varphi_\alpha(U_\alpha)$ 和 $(X^1, \cdots X^n) \in \mathbb{R}^n$，我们定义

$$\varpi_\alpha(u^1, \cdots, u^n, X^1, \cdots X^n) = \sum_{i=1}^n X^i \frac{\partial}{\partial u^i}\bigg|_{\varphi_\alpha^{-1}(u^1, \cdots, u^n)}$$

由定义，映射 ϖ_α 是从 $\varphi_\alpha(U_\alpha) \times \mathbb{R}^n \subset \mathbb{R}^{2n}$ 到 W_α 的一一对应。我们将 $(u^1, \cdots, u^n, X^1, \cdots X^n)$ 作为集合 W_α 上的坐标系，并通过映射 ϖ_α 将 $\varphi_\alpha(U_\alpha) \times \mathbb{R}^n \subset \mathbb{R}^{2n}$ 的拓扑移到集合 W_α 上，使 $\varpi_\alpha \colon \varphi_\alpha(U_\alpha) \times \mathbb{R}^n \to W_\alpha$ 成为同胚。

特别地，当 $U_\alpha \bigcap U_\beta \neq \emptyset$ 时，我们关心的是子集 $W_\alpha \bigcap W_\beta$ 的拓扑是否通过映射 ϖ_α 和 ϖ_β 诱导得到的结果一致。事实上，这可以通过考察坐标变换公式来验证。

假设在 $U_\alpha \bigcap U_\beta$ 上有坐标变换：

$$\tilde{u}^i = \tilde{u}^i(u^1, \cdots, u^n), \ \tilde{X}^i = \sum_{j=1}^n \frac{\partial \tilde{u}}{\partial u^j}^i X^j, \ i = 1, \cdots, n$$

则 $W_\alpha \bigcap W_\beta$ 上的坐标可表示为：

$$(\tilde{u}^1, \cdots, \tilde{u}^n, \tilde{X}^1, \cdots, \tilde{X}^n)$$
$$= \left(\tilde{u}^1(u^1, \cdots, u^n), \cdots, \tilde{u}^n(u^1, \cdots, u^n), \ \sum_{j}^n \frac{\partial \tilde{u}^1}{\partial u^j} X^j, \cdots, \ \sum_{j}^n \frac{\partial \tilde{u}^n}{\partial u^j} X^j \right)$$

通过此坐标变换，我们可以验证 ϖ_α 和 ϖ_β 分别在 $W_\alpha \bigcap W_\beta$ 上诱导的拓扑是一致的。这就是说，坐标 $(u^1, \cdots, u^n, X^1, \cdots, X^n)$ 可以表示为 $(\tilde{u}^1, \cdots, \tilde{u}^n, \tilde{X}^1, \cdots, \tilde{X}^n)$ 的光滑函数，其中 $(\tilde{u}^1, \cdots, \tilde{u}^n)$ 仅仅是 $(u^1, \cdots, u^n)$ 的光滑函数，而 $(\tilde{X}^1, \cdots, \tilde{X}^n)$ 对 $(X^1, \cdots, X^n)$ 的依赖是线性的。这种坐标变换意味着，映射 $\varpi_\beta^{-1} \circ \varpi_\alpha \colon \varphi_\alpha(U_\alpha \bigcap U_\beta) \times$

$\mathbb{R}^n \to \varphi_\beta(U_\alpha \bigcap U_\beta) \times \mathbb{R}^n$ 是一个同胚。因此，切丛 TM 的坐标卡 $(W_\alpha, \varpi_\alpha)$ 和 (W_β, ϖ_β) 是 C^∞ 相关的。

综上所述，TM 是一个 $2n$ 维的光滑流形，并且 $\{(W_\alpha, \varpi_\alpha): \alpha \in I\}$ 构成了它的一个 C^∞ 坐标覆盖。

切丛 TM 的拓扑结构是直观且简单的，它基于流形 M 的拓扑结构和切向量的局部表示。为了规定 TM 中两个切向量 X, Y 是否邻近，我们需要考虑两个条件：

（1）起点邻近：切向量 X 和 Y 的起点 $\pi(X)$ 和 $\pi(Y)$（即它们在底流形 M 上的位置）必须是邻近的。这通常意味着它们位于 M 的同一个开邻域内。

（2）分量接近：在适当的局部坐标系下（通过某个映射 φ_α），切向量 X 和 Y 的分量 $(X^1, \cdots, X^n)$ 和 $(Y^1, \cdots, Y^n)$ 必须很接近。具体地，若 $X = \sum_{i=1}^n X^i \frac{\partial}{\partial u^i}$，$Y = \sum_{i=1}^n Y^i \frac{\partial}{\partial u^i}$，其中 $\frac{\partial}{\partial u^i}$ 是局部坐标系下的基向量，则 X^i 和 Y^i 必须足够接近以使得 X 和 Y 被视为邻近的。

这就是"通过映射 ϖ_α 把 $\varphi_\alpha(U_\alpha) \times \mathbb{R}^n \subset \mathbb{R}^{2n}$ 的拓扑转移到集合 W_α 上，使得 $\varpi_\alpha: \varphi_\alpha(U_\alpha) \times \mathbb{R}^n \to W_\alpha$ 成为同胚"的意义。

在 n 维光滑流形 M 上，一个光滑切向量场 X 被定义为从 M 到其切丛 TM 的一个光滑映射 $X: M \to TM$，且满足 $\pi \circ X = id_M$ 的条件。直观地说，光滑流形 M 上的一个切向量场 X 是在 M 上连续分布的一组切向量。

具体来说，对于 M 上的每一点 p，由于 $\pi(X(p)) = p$，我们有

$X(p) \in T_pM$，即 X 在点 p 处指定了一个切向量 $X(p)$。映射 X 的光滑性确保了指定这些切向量的方式是平滑的，即在不同点之间变化时，切向量的方向和大小都保持连续且可微。

在点 p 的一个容许局部坐标系 (U, u^i) 下，对于 U 中的每一点 q，切向量 $X(q) \in T_qM$ 可以局部地表示为 $X(q) = X^i(q) \dfrac{\partial}{\partial u^i}$，其中 $X^i (1 \leqslant i \leqslant n)$ 是定义在开邻域 U 上的光滑函数。这些分量函数 X^i 刻画了切向量场 X 在局部坐标系下的行为，它们描述了切向量在不同方向上的分量如何随位置变化而变化。

事实上，设 M 在点 p 的坐标卡是 (U, φ)，它给出了 M 在 p 点附近的一个局部坐标系 $(U, (u^1, \cdots, u^n))$。切丛 TM 在此局部坐标系下具有一个局部平凡化 $\psi: \varphi(U) \times \mathbb{R}^n \to \pi^{-1}(U)$，它将底空间 U 的坐标与切空间的坐标组合起来。

如果 $v \in \pi^{-1}(U)$ 是切丛 TM 中位于 U 上某点的一个切向量，则通过局部平凡化 ψ 的逆映射 ψ^{-1}，我们可以将 v 表达为坐标形式：

$$\psi^{-1}(v) = (v^1, \cdots, v^n, v^{n+1}, \cdots, v^{2n})$$

其中 $(v^1, \cdots, v^n)$ 是底空间 U 的坐标，而 $(v^{n+1}, \cdots, v^{2n})$ 是与切向量 v 相对应的切空间坐标。

进一步地，利用这些坐标，切向量 v 可以局部地表示为：

$$v = v^{n+1} \frac{\partial}{\partial u^1} + \cdots + v^{2n} \frac{\partial}{\partial u^n}$$

这个表达式展示了切向量 v 是如何由其切空间坐标和基向量 $\dfrac{\partial}{\partial u^i}$

线性组合而成的。

由此可见，满足条件 $\pi \circ X = id_M$ 的光滑映射 $X: M \to TM$，在局部坐标系 $\left(\pi^{-1}(U), (v^1, \cdots, v^{2n})\right)$ 下的坐标表示具有特定的形式。具体地，对于底空间 U 的坐标部分，我们有：

$$v^i \circ X = u^i \circ (\pi \circ X) = u^i, \ (1 \leqslant i \leqslant n)$$

这意味着切向量场 X 的底空间坐标分量与 M 上的局部坐标直接对应。

对于切空间的坐标部分，我们得到：

$$v^{n+i} \circ X = X^i(u^1, \cdots, u^n), \ (1 \leqslant i \leqslant n)$$

这里 $X^i(u^1, \cdots, u^n)$ 是描述切向量在 T_pM 中各个方向上的分量的光滑函数。

因此，映射 $X: M \to TM$ 的光滑性确保了其坐标表示 $v^i \circ X$ 和 $v^{n+i} \circ X$ 都是 $(u^1, \cdots, u^n)$ 的光滑函数，即 $X^i(u^1, \cdots, u^n) \in C^\infty(U)$。这进一步说明，光滑流形 M 上的一个光滑切向量场 X 确实是在 M 上切向量的一个连续且可微（即光滑）的分布。

在此，我们需对特定记号的意义进行澄清。对于给定的指标 i，记号 $\dfrac{\partial}{\partial u^i}$ 表示定义在坐标域 U 上的一个光滑切向量场。具体来说，对于坐标域 U 中的任意一点 q，该记号在 q 处指定的切向量记作 $\left.\dfrac{\partial}{\partial u^i}\right|_q$。

这里，同一个记号 $\dfrac{\partial}{\partial u^i}$ 既可以代表整个"场"，也可以仅指它在某一特定点处的值，具体取决于是否有特定的点 q 被明确指定。

另一方面，记号 $\left\{\dfrac{\partial}{\partial u^1}, \cdots, \dfrac{\partial}{\partial u^n}\right\}$ 所代表的并非仅仅是坐标域 U 上的 n 个光滑切向量场，而是这 n 个处处线性无关的切向量场的集合，它们共同构成了定义在 U 上的一个自然基底场，通常被称为 U 上的自然标架场。

在光滑流形 M 上，全体光滑切向量场的集合被记为 $\chi(M)$。该集合具有封闭的加法和与实数的乘法结构，具体表现为：若 $X, Y \in \chi(M)$ 且 $\lambda \in \mathbb{R}$，则对于任意 $p \in M$，有：

$$(X + Y)(p) = X(p) + Y(p)$$

$$(\lambda \cdot X)(p) = \lambda \cdot X(p)$$

此外，还定义了光滑切向量场 X 与 M 上的光滑函数 $f \in C^{\infty}(M)$ 的乘法，其定义为：

$$(f \cdot X)(p) = f(p) \cdot X(p), \ \forall p \in M$$

这一定义确保 $f \cdot X \in \chi(M)$。因此，$\chi(M)$ 不仅构成了实数域 $\mathbb{R}$ 上的向量空间，同时也是函数环 $C^{\infty}(M)$ 上的向量空间。

值得注意的是，无论在哪种情况下，$\chi(M)$ 作为向量空间的维数都是无限的。

3

联络与黎曼流形

在 Hausdorff 拓扑空间上引入微分流形结构，使我们得以在这些空间上定义 C^∞ 函数，并进一步构建切向量、C^∞ 切向量场以及各类 C^∞ 张量场等丰富的数学对象。这一结构使得 n 维光滑流形在数学上变得如同 n 维欧氏空间一般，充满了无限的可能性。然而，两者在坐标系统和微分规则上存在着显著的差异。

在欧氏空间中，我们习惯于使用全空间适用的笛卡儿直角坐标系，并且坐标变换是线性的，各点的自然标架也是合同的。因此，对 C^∞ 切向量场和 C^∞ 张量场求微分或求导数的规则相对直观，通常可以通过计算其分量的微分来实现。然而，在 n 维光滑流形上，我们仅假设在局部存在坐标系，且容许的局部坐标变换可以是任意具有光滑反函数的光滑函数组，这些变换不再限于线性函数关系。因此，各点的自然标架之间不再合同，导致 C^∞ 切向量场和 C^∞ 张量场分量的微分不再具有全局的不变性。

在给定微分结构的光滑流形上，如何对 C^∞ 切向量场和 C^∞ 张量场进行微分或求导数成为一个亟待解决的问题。为了解决这个问题，我们需要在光滑流形上指定一种微分或求导数的法则，这种法则被称为"联络"。

历史上，对联络概念的认识是随着黎曼几何的深入研究而逐渐明确的。黎曼几何起源于 B. Riemann 在 1854 年的演讲，他试图提出一种在流形每一点指定切向量长度的几何模式，即切向量的长度是其分量的二次齐次多项式的平方根，而该多项式的系数是该点坐标的可微函数。他给出的例子展示了这种空间具有常弯曲性质，将欧氏空间和非欧氏空间统一在一个框架下。然而，如何理解 B. Riemann 的几何学曾是一个巨大的挑战。经过数学家近一个世纪的努力，他们发现黎曼空间中存在唯一确定的微分法则，这就是由 Ricci 和 Levi-Civita 发现的"绝对微分学"，现在被称为黎曼联络。

随着研究的深入，人们逐渐认识到"联络"是光滑流形上比"黎曼度量"更为基本的构造。不仅如此，这一概念还可以推广到一般的向量丛上。在接下来的章节中，我们将详细探讨联络的概念、性质及其在光滑流形和向量丛上的应用。

在几何学的现代发展中，黎曼流形作为一个强大的工具，为我们提供了一种描述和理解弯曲空间结构的语言。本章将介绍黎曼流形的基本概念和性质，特别关注黎曼度量及其所定义的黎曼联络。黎曼度量是一个在流形上定义的对称、正定、光滑的二阶协变张量场，它赋予了流形上每一点一个"长度"和"角度"的概念。而黎曼联络，或称为 Levi-Civita 联络，是黎曼流形上一个特别重要的联络，它保持了度量的不变性，并且在流形上定义了唯一的无挠平行移动。

3.1 联络的概念

联络的概念使我们能够在光滑流形上讨论切向量场和张量场的微分。

定义 3.1 设 M 是一个光滑流形，$\Xi(M)$ 是 M 上的光滑向量场的集合。一个联络 ∇ 是一个映射：

$$\nabla: \Xi(M) \times \Xi(M) \to \Xi(M)$$

它将一对向量场映射到一个新的向量场，并满足以下性质：

（1）对任意 X，$Y \in \Xi(M)$ 和 $f \in C^\infty(M)$，有 $\nabla_{fX} Y = f\nabla_X Y$；

（2）对任意 $X \in \Xi(M)$，$f \in C^\infty(M)$，有 $\nabla_X(fY) = X(f)Y + f\nabla_X Y$；

（3）对任意 X，Y，$Z \in \Xi(M)$，$\lambda \in \mathbb{R}$，有 $\nabla_{X+\lambda Y} Z = \nabla_X Z + \lambda\nabla_Y Z$；

（4）对任意 X，Y，$Z \in \Xi(M)$，$\lambda \in \mathbb{R}$，有 $\nabla_X(Y + \lambda Z) = \nabla_X Y + \lambda\nabla_X Z$。

联络 ∇ 的存在使得我们能够在流形 M 上定义向量场的导数，即 $X \in \Xi(M)$ 沿着 $Y \in \Xi(M)$ 的导数 $\nabla_X Y$。特别地，如果 M 是欧氏空间，$\nabla_X Y$ 就是通常意义下的方向导数。

在光滑流形 M 上，联络 $D: \Xi(M) \times \Xi(M) \to \Xi(M)$ 的存在性是一个基本问题。然而，在本节中，我们假定联络 D 已经存在，并研究如何在局部坐标系下将它表示出来。关键步骤在于证明联络具有下列局部性。

定理 3.1 假定 $D: \Xi(M) \times \Xi(M) \to \Xi(M)$ 是 M 上的一个联络，X_1，X_2，Y_1，$Y_2 \in \Xi(M)$。如果 U 是 M 中的一个开子集，且 $X_1\big|_U = X_2\big|_U$，$Y_1\big|_U = Y_2\big|_U$，则有 $D_{Y_1}X_1\big|_U = D_{Y_2}X_2\big|_U$。

证明：实际上，若要证明该定理，我们只需证明 $D_{Y_1}X_1\big|_U = D_{Y_2}X_2\big|_U$ 和 $D_{Y_1}X_2 = D_{Y_2}X_2\big|_U$ 即可。

首先，证明第一式。设 p 是 U 中任意一点，取点 p 的一个开邻域 V，使得 $\overline{V}$ 是紧致的，并且 $\overline{V} \subset U$。根据单位分解定理（或类似的局部化技巧），存在光滑函数 $f \in C^\infty(M)$，使得 $f\big|_V \equiv 1$，$f\big|_{M\setminus V} \equiv 0$。由于 $D_{Y_1}: \Xi(M) \to \Xi(M)$ 是线性映射，且 $D_{Y_1}0 = 0$（零切向量场在任意

联络下的导数为零），我们有：

$$0 = D_{Y_1}(f \cdot (X_1 - X_2)) = Y_1(f) \cdot (X_1 - X_2) + f \cdot (D_{Y_1}X_1 - D_{Y_1}X_2)$$

将上式限制在开邻域 V 上，由于 $f\big|_V = 1$，我们得到：

$$D_{Y_1}X_1\big|_V - D_{Y_2}X_2\big|_V = 0$$

第二式的证明是类似的。再次使用单位分解定理，存在光滑函数 $g \in C^\infty(M)$，使得 $g\big|_{V'} \equiv 1$，$g\big|_{M\backslash V'} \equiv 0$，其中是 V' 是 Y_1，Y 在 U 上的另一个紧致开邻域。因为 $D(X_2, \ \cdot)\colon \Xi(M) \to \Xi(M)$ 也是线性映射，我们有 $0 = D_{g(Y_1 - Y_2)}X_2 = g \cdot (D_{Y_1}X_2 - D_{Y_2}X_2)$。将上式限制在 V' 上，由于 $g\big|_{V'} \equiv 1$，我们得到 $D_{Y_1}X_2\big|_{V'} - D_{Y_2}X_2\big|_{V'} = 0$。

由于 $\overline{V'} \subset U$，我们证明了 $D_{Y_1}X_2\big|_U = D_{Y_2}X_2\big|_U$。结合两个等式，我们完成了定理的证明。

定理 3.2 设 M 是光滑流形，假定 $D\colon \Xi(M) \times \Xi(M) \to \Xi(M)$ 是 M 上的一个联络，对于 M 上的任意一点 p，存在 p 的一个局部坐标系 $(U, x^1, \cdots, x^n)$，使得在 U 上，联络 D 可以表示为：

$$D_{\frac{\partial}{\partial x^i}}\frac{\partial}{\partial x^j} = \sum_{k=1}^n \Gamma_{ij}^k \frac{\partial}{\partial x^k}$$

其中 Γ_{ij}^k 是 U 上的光滑函数，称为联络系数。

证明：由于 M 是光滑流形，对于任意点 $p \in M$，存在 p 的一个局部坐标系 $(U, x^1, \cdots, x^n)$，其中 U 是 p 的一个开邻域。

设 $X = \sum_{i=1}^n X^i \frac{\partial}{\partial x^i}$ 和 $Y = \sum_{j=1}^n Y^j \frac{\partial}{\partial x^j}$ 是 U 上的任意两个向量场。根据联

络的定义，我们有：

$$D_Y X = \sum_{i,\,j=1}^{n} Y^j D_{\frac{\partial}{\partial x^j}} \left(X^i \frac{\partial}{\partial x^i} \right) = \sum_{i,\,j=1}^{n} \left(Y^j \frac{\partial X^i}{\partial x^j} \frac{\partial}{\partial x^i} + Y^j X^i D_{\frac{\partial}{\partial x^j}} \frac{\partial}{\partial x^i} \right)$$

现在，我们定义：

$$\Gamma_{ij}^{k} = \left\langle D_{\frac{\partial}{\partial x^j}} \frac{\partial}{\partial x^i},\ \frac{\partial}{\partial x^k} \right\rangle$$

其中$\langle \cdot,\ \cdot \rangle$是切丛$TM$上的一个内积（注意，这里假设$M$上已经有一个内积）。

将Γ_{ij}^{k}的定义代入$D_Y X$的表达式中，我们得到：

$$D_Y X = \sum_{i,\,j,\,k=1}^{n} \left(Y^j \frac{\partial X^i}{\partial x^j} \frac{\partial}{\partial x^i} + Y^j X^i \Gamma_{ij}^{k} \frac{\partial}{\partial x^k} \right)$$

$$= \sum_{k=1}^{n} \left(\sum_{i,\,j=1}^{n} \left(Y^j \frac{\partial X^i}{\partial x^j} + Y^j X^i \Gamma_{ij}^{k} \right) \right) \frac{\partial}{\partial x^k}$$

特别地，当$Y = \frac{\partial}{\partial x^i}$时，我们得到$D_{\frac{\partial}{\partial x^i}} \frac{\partial}{\partial x^j} = \sum_{k=1}^{n} \Gamma_{ij}^{k} \frac{\partial}{\partial x^k}$。

由于D是M上的光滑联络，且$\frac{\partial}{\partial x^i}$和$\frac{\partial}{\partial x^j}$是$U$上的光滑向量场，因此$D_{\frac{\partial}{\partial x^j}} \frac{\partial}{\partial x^i}$也是$U$上的光滑向量场。由于$\frac{\partial}{\partial x^k}$是$U$上的一组基，且联络系数的定义是线性的，因此$\Gamma_{ij}^{k}$必须是$U$上的光滑函数。

3.2 联络的推广

联络的概念可以推广到更一般的情况。向量丛上的联络就是这样一种推广。向量丛是把每一点上定义的向量空间粘合在一起形成的一个整体结构，联络使得我们能够在向量丛上定义导数。

定义 3.2 设 $\pi: E \to M$ 是 n 维光滑流形 M 上的向量丛，$\Gamma(E)$ 表示 E 上的光滑截面的集合。一个联络 ∇ 是一个映射：

$$\nabla: \Xi(M) \times \Gamma(E) \to \Gamma(E)$$
$$(X, s) \mapsto \nabla_X s$$

满足以下性质：

（1）对于任意的 $X \in \Xi(M)$，$s \in \Gamma(E)$ 和光滑函数 $f \in C^\infty(M)$，有 $\nabla_X(f \cdot s) = X(f) \cdot s + f \nabla_X s$；

（2）对于任意的 $X, Y \in \Xi(M)$ 和 $s \in \Gamma(E)$，$\lambda \in \mathbb{R}$，有 $\nabla_{X + \lambda Y} s = \nabla_X s + \lambda \nabla_Y s$；

（3）对于任意的 $X \in \Xi(M)$ 和光滑函数 $f \in C^\infty(M)$，有 $\nabla_{f \cdot X} s = f \cdot \nabla_X s$；

（4）对于任意的 $X \in \Xi(M)$，$s_1, s_2 \in \Gamma(E)$，$\lambda \in \mathbb{R}$，有 $\nabla_X(s_1 + \lambda s_2) = \nabla_X s_1 + \lambda \nabla_X s_2$。

总之，联络是光滑流形上的基本构造，它使得我们能够在流形上讨论微分、曲率和其他几何性质。黎曼联络是其中的重要例子，且联络的概念可以推广到向量丛和其他几何结构，丰富了我们对流形几何的理解。

3.3 黎曼度量

黎曼流形的概念由 B. Riemann 引入，至今仍然是描述弯曲空间的典型工具。在黎曼流形上，有一个特别的唯一确定的联络，称为黎曼联络或 Levi-Civita 联络。黎曼联络是联络的一种特殊形式，它由黎曼度量诱导。黎曼度量是流形上定义内积的一种方式，联络可以通过度量的兼容性条件来定义。

定义 3.3 黎曼度量 g 满足以下条件：

（1）对称性：对任意的两个切向量 X，$Y \in T_p M$，有 $g(X, Y) = g(Y, X)$；

（2）正定性：对任意的非零切向量 $X \in T_p M$，有 $g(X, X) > 0$；

（3）光滑性：g 是 M 上的光滑张量场。

3.4 黎曼流形定义

定义 3.4 设 (M, g) 是一个黎曼流形，即 M 是光滑流形，g 是定义在 M 上的光滑度量张量。一个联络 ∇ 被称为是 g 的黎曼联络，如果它满足以下条件：

（1）对任意的 $X \in \Xi(M)$，有 $\nabla_X g = 0$；

（2）对任意的 X，$Y \in \Xi(M)$，有 $\nabla_X Y - \nabla_Y X = [X, Y]$。

通过满足这些条件的唯一性，我们得到黎曼联络的存在性和唯一性。Levi-Civita 联络在研究黎曼几何中起着关键作用，它使得我们可以在流形上讨论曲率、测地线和其他几何性质。基于以上叙述，我们可以给出黎曼流形的定义：

定义 3.5 设 M 是一个满足第二可数公理的 n 维光滑流形。如果在 M 上存在一个光滑的、对称的、正定的二阶协变张量场 g，则称 (M, g) 为一个 n 维黎曼流形。此时，g 称为黎曼度量。

定理 3.3 设 (M, g) 是一个 n 维黎曼流形，则在 M 上存在唯一的一个联络 D，使得该联络与黎曼度量 g 相容并且无挠。这里，联络 D 与黎曼度量 g 相容的意思是度量 g 相对于 D 是平行的，即 $Dg = 0$。

这样的联络 D 称为黎曼流形 (M, g) 上的黎曼联络。

3.5 黎曼联络的联络形式

设 (M, g) 是 n 维黎曼流形，D 是 M 上的黎曼联络。在维数大于 2 的黎曼流形上，虽然参数曲线彼此正交的局部坐标系一般不存在，但可以在局部上取单位正交的标架场 $(U；e_i)$。例如，设 $(U；u^n)$ 是 M 的一个局部坐标系，通过正交化过程，我们可以得到一组单位正交的局部切标架场 $(U；e_i)$。

下面我们来考察黎曼流形 (M, g) 的黎曼联络 D 在单位正交的局部切标架场 $(U；e_i)$ 下的联络形式。设对偶的余切标架场是 $\{\omega^i\}$，于是有 $g = \sum_{i=1}^{n} (\omega^i)^2$，假设：

$$De_i = \omega_i^j e_j$$

因为 $g(e_i, e_j) = \delta_{ij}$（即 e_i 和 e_j 在每一点上都是正交的，且模长为 1），

所以黎曼联络 D 与度量 g 的相容性条件变为

$$0 = d\big(g(e_i, \ e_j) \big) = g(De_i, \ e_j) + g(e_i, \ De_j) = \omega_i^j + \omega_j^i$$

由于 ω_i^j 是反对称的（即 $\omega_i^j = -\omega_j^i$），上述等式自动成立。另外，黎曼联络的无挠性条件可以写为 $d\omega_i^j = \omega_i^k \wedge \omega_k^j$。

因此，黎曼联络 D 在单位正交的局部切标架场 $(U; \ e_i)$ 下的联络形式 ω_i^j 满足条件 $\omega_i^j = -\omega_j^i$，$d\omega_i^j = \omega_i^k \wedge \omega_k^j$。

4

非交换留数理论基础

本章旨在介绍非交换留数理论在带边流形上的基本概念与初步应用。首先，我们将明确非交换留数的定义，这一数学概念为我们提供了研究非交换现象的新工具。随后，我们将概述探讨非交换留数理论的几何环境。此外，我们将介绍一些与非交换留数理论相关的基本概念，为读者后续研究提供必要的背景知识。通过本章的介绍，我们期望读者能够对非交换留数理论在带边流形上的应用有一个初步的了解，并为进一步探索这一领域奠定基础。

4.1 非交换留数概念

非交换留数在非交换几何中一直扮演着重要角色。非交换留数的概念是 Wodzicki 在研究高维流形的过程中首次提出的，具体如下：

给定一个闭紧致流形 M，设 P：$C^{\infty}(M) \to C^{\infty}(M)$ 为 M 上的经典拟微分算子，$\Psi_z(M)$ 为 M 上所有经典拟微分算子代数，则 M 在局部坐标下的光滑密度 $c_P(x)$ 为

$$c_P(x) = (2\pi)^{-n} \int_{|\xi|=1} p_{-n}(x, \xi) d^{n-1}\xi$$

其中 $p_{-n}(x, \xi)$ 为 P 的 $-n$ 次齐次符号。

定义非交换留数 Res：$\Psi_z(M) \to \mathbb{C}$ 如下：

$$Res(P) = \int_M c_P(x) dx, \quad P \in \Psi_z(M)$$

实质上，非交换留数是闭紧致流形的所有经典拟微分算子代数上的一个迹，但这种迹不是通常意义下算子迹的延拓。

4.2   Boutet de Monvel 代数基础

首先，我们给出一些关于 Boutet de Monvel 代数的基本事实与公式。

设 M 是 n 维带有边界 ∂M 的紧致可定向流形。假定 M 上的度量 g^M 在靠近边界处有如下定义形式：

$$g^M = \frac{1}{h(x_n)} g^{\partial M} + dx_n^2$$

其中 $g^{\partial M}$ 是 ∂M 的度量。设 $U \subset M$ 是 ∂M 的微分同胚于 $\partial M \times [0, 1)$ 的领邻域。

由 $h(x_n) \in C^\infty([0, 1))$ 的定义以及 $h(x_n) > 0$，对于足够小的 $\varepsilon > 0$ 而言，存在 $\tilde{h} \in C^\infty((-\varepsilon, 1))$ 使得 $\tilde{h}\big|_{[0, 1)} = h$ 和 $\tilde{h} > 0$。那么存在 $\hat{M} = M \bigcup_{\partial M} \partial M \times (-\varepsilon, 0]$ 上的度量 $\hat{g}$ 在 $U \bigcup_{\partial M} \partial M \times (-\varepsilon, 0]$ 上有如下形式：

$$\hat{g} = \frac{1}{\tilde{h}(x_n)} g^{\partial M} + dx_n^2$$

使得 $\hat{g}\big|_M = g$。在 $\hat{M}$ 上，我们固定度量 $\hat{g}$ 使得 $\hat{g}\big|_M = g$。

设：

$$F: L^2(\mathbb{R}_t) \to L^2(\mathbb{R}_v), \ F(u)(v) = \int e^{-ivt} u(t) dt$$

是傅里叶变换且 $\varphi(\overline{\mathbb{R}^+}) = r^+ \varphi(\mathbb{R})$（类似地定义 $\varphi(\overline{\mathbb{R}^-})$），其中 $\varphi(\mathbb{R})$ 定义为 Schwartz 空间且：

$$r^+: C^\infty(\mathbb{R}) \to C^\infty(\overline{\mathbb{R}^+}), \quad f \to f\big|\overline{\mathbb{R}^+}; \quad \overline{\mathbb{R}^+} = \{x \geqslant 0 \; ; \quad x \in \mathbb{R}\}$$

接下来，定义 $H^+ = F\left(\varphi(\overline{\mathbb{R}^+})\right)$ 和 $H_0^- = F\left(\varphi(\overline{\mathbb{R}^-})\right)$ 且两者互相正交。此外，还有如下性质：$h \in H^+(H_0^-)$ 当且仅当对于任意的非负整数 l 来说，$h \in C^\infty(\mathbb{R})$ 在下（上）复半平面 $\{\operatorname{Im}\xi < 0\}(\{\operatorname{Im}\xi > 0\})$ 有解析可展使得：

$$\frac{d^l h}{d\xi^l}(\xi) \sim \sum_{k=1}^\infty \frac{d^l}{d\xi^l}\left(\frac{c_k}{\xi^k}\right)$$

其中 $|\xi| \to +\infty$，$\operatorname{Im}\xi \leqslant 0(\operatorname{Im}\xi \geqslant 0)$。

设 H' 是所有多项式构成的空间且：

$$H^- = H_0^- \oplus H', \quad H = H^+ \oplus H^-$$

定义 π^+ 与 π^- 分别为 H^+ 与 H^- 上的投射。通过计算，有：

$$H = \tilde{H} = \{\text{在实轴上没有极点的有理函数}\}$$

其中，$\tilde{H}$ 是 H 拓扑中的稠密集合。从而在 $\tilde{H}$ 上，有：

$$\pi^+ h(\xi_0) = \frac{1}{2\pi i}\lim_{u \to 0^-}\int_{\Gamma^+}\frac{h(\xi)}{\xi_0 + iu - \xi}d\xi$$

其中 Γ^+ 是在上半平面 $\operatorname{Im}\xi > 0$ 中包含 h 在 $\operatorname{Im}\xi > 0$ 的所有奇点的 Jordan 闭曲线且 $\xi_0 \in \mathbb{R}$。类似地，在 $\tilde{H}$ 上定义 π'，

$$\pi' h = \frac{1}{2\pi}\int_{\Gamma^+}h(\xi)d\xi$$

所以 $\pi'(H^-) = 0$。对于 $h \in H \cap L^1(\mathbb{R})$，有 $\pi' h = \frac{1}{2\pi}\int_{\mathbb{R}}h(v)dv$；对于 $h \in H^+ \cap L^1(\mathbb{R})$，有 $\pi' h = 0$。

定义阶数为 $m \in \mathbb{Z}$ 的 d 型算子为矩阵：

$$A = \begin{pmatrix} \pi^+ P + G & K \\ T & K \end{pmatrix}: \begin{matrix} C^\infty(X,\ E_1) \\ \oplus \\ C^\infty(\partial X,\ F_1) \end{matrix} \rightarrow \begin{matrix} C^\infty(X,\ E_2) \\ \oplus \\ C^\infty(\partial X,\ F_2) \end{matrix}$$

其中 X 是带有边界 ∂X 的流形且 E_1，E_2（F_1，F_2）是 X（∂X）的向量丛。在这里，$P: C_0^\infty(\Omega,\ \overline{E_1}) \rightarrow C^\infty(\Omega,\ \overline{E_2})$ 是 Ω 上的 m 阶经典拟微分算子，其中 Ω 是 X 的一个开邻域且 $\overline{E_i}|X = E_i(i = 1,\ 2)$。$P$ 有一个扩展 $E'(\Omega,\ \overline{E_1}) \rightarrow D'(\Omega,\ \overline{E_2})$，其中 $E'(\Omega,\ \overline{E_1})$（$D'(\Omega,\ \overline{E_2})$）是 $C^\infty(\Omega,\ \overline{E_1})$（$C_0^\infty(\Omega,\ \overline{E_2})$）的对偶空间。设 $e^+: C^\infty(X,\ E_1) \rightarrow E'(\Omega,\ \overline{E_1})$ 定义为从 X 到 Ω 在 0 处的一个展开且 $r^+: D'(\Omega,\ \overline{E_2}) \rightarrow D'(\Omega,\ E_2)$ 是从 Ω 到 X 的限制，从而定义 $\pi^+ P = r^+ P e^+: C^\infty(X,\ E_1) \rightarrow D'(\Omega,\ E_2)$。此外，假定对于任意的 j、k、a，在边界附近的局部坐标中，P 符号 p 的渐近展开式中，j 阶的齐次分量 p_j 满足：

$$\partial_{x_n}^k \partial_{\xi'}^\alpha p_j(x',\ 0,\ 0,\ +1) = (-1)^{j-|\alpha|} \partial_{x_n}^k \partial_{\xi'}^\alpha p_j(x',\ 0,\ 0,\ -1)$$

从而有 $\pi^+ P: C^\infty(X,\ E_1) \rightarrow C^\infty(X,\ E_2)$。

在本书中，记 $\pi^+ D^{-1} = \begin{pmatrix} \pi^+ D^{-1} & 0 \\ 0 & 0 \end{pmatrix}$。为了方便起见，在后续章节中将 *trace* 简记为 *tr*。

4.3　带边流形上的非交换留数

设 M 是 n 维带有边界 ∂M 的紧致可定向的流形。定义 B 为 Boutet de Monvel 代数，接着有如下主要定理。

定理 4.1　设 X 和 ∂X 是连通的，$\dim X = n \geqslant 3$，

$$A = \begin{pmatrix} \pi^+ P + G & K \\ T & K \end{pmatrix} \in B$$

并且分别定义 p，b 与 s 为 P，G 和 S 的局部符号。定义：

$$\widetilde{Wres}\,(A)$$

$$= \int_X \int_S tr_E[\,p_{-n}(x,\ \xi)\,]\sigma(\xi)dx + 2\pi \int_{\partial X} \int_{S'} \{\,tr_E[(tr\,b_{-n})(x',\ \xi')\,] +$$

$$tr_F[\,s_{1-n}(x',\ \xi')\,]\}\,\sigma(\xi')dx'$$

则（a）对于任意的 A，$C \in B$，有 $\widetilde{Wres}\,([A,\ C]) = 0$；（b）在 $B/B^{-\infty}$ 上存在唯一的连续的迹。

关于带边的旋流形的低维体积，给出了如下定义。

定义 4.1 带边的旋流形的低维体积可以定义为：

$$Vol_n^{(p_1,\ p_2)}M: \ = \widetilde{Wres}\,[\,\pi^+ D^{-p_1} \circ \pi^+ D^{-p_2}\,]$$

因此，我们有：

$$\widetilde{Wres}\,[\,\pi^+ D^{-p_1} \circ \pi^+ D^{-p_2}\,] = \int_M \int_{|\xi'|=1} tr_{\wedge^* T^* M}[\,\sigma_{-n}(D^{-p_1-p_2})\,]\sigma(\xi)dx + \int_{\partial M} \Phi$$

其中边界项为：

$$\Phi = \int_{|\xi'|=1} \int_{-\infty}^{+\infty} \sum_{j,\ k=0}^{\infty} \sum \frac{(-i)^{|\alpha|+j+k+l}}{\alpha!(j+k+l)!} tr_{\wedge^* T^* M}[\,\partial_{x_n}^j \partial_{\xi'}^\alpha \partial_{\xi_n}^k \sigma_r^+(D^{-p_1})(x',\ 0,\ \xi',\ \xi_n) \times$$

$$\partial_{x'}^\alpha \partial_{\xi_n}^{j+1} \partial_{x_n}^k \sigma_l(D^{-p_2})(x',\ 0,\ \xi',\ \xi_n)\,]d\xi_n \sigma(\xi')dx'$$

在这里 $r + l - k - |\alpha| - j - 1 = -n$，$r \leqslant -p_1$，$l \leqslant -p_2$。

在无边流形的情况下，由于 $[\,\sigma_{-n}(D^{-p_1-p_2})\,]\big|_M$ 与 $\sigma_{-n}(D^{-p_1-p_2})$ 有相同的表达式。对于任意的固定点 $x_0 \in \partial M$，在 ∂M（不是在 M 上）上选择 x_0 的法坐系 U，进一步在坐标系 $\tilde{U} = U \times [0,\ 1) \subset M$ 中计算 $\Phi(x_0)$，

并且度量为：

$$\frac{1}{h(x_n)} g^{\partial M} + dx_n^2$$

在 $\tilde{U}$ 上 g^M 的对偶度量是 $h(x_n) g^{\partial M} + dx_n^2$。记 $g_{ij}^M = g^M \left(\frac{\partial}{\partial x_i},\ \frac{\partial}{\partial x_j} \right)$，$g_M^{ij} = g^M(dx_i,\ dx_j)$，则：

$$[g_{i,j}^M] = \begin{bmatrix} \dfrac{1}{h(x_n)} [g_{i,j}^{\partial M}] & 0 \\ 0 & 1 \end{bmatrix}$$

$$[g_M^{i,j}] = \begin{bmatrix} h(x_n) [g_{\partial M}^{i,j}] & 0 \\ 0 & 1 \end{bmatrix}$$

$g_M^{ij} = g^M(dx_i,\ dx_j)$，$\partial_{x_s} g_{i,j}^{\partial M}(x_0) = 0$，$1 \leqslant i,\ j \leqslant n-1$，$g_{i,j}^M(x_0) = \delta_{ij}$

进而，我们再给出如下三个引理。

引理 4.1 在靠近边界的带有度量 g^M 的 M 上，有如下结论：

$$\partial_{x_j} (|\xi|_{g^M}^2)(x_0) = \begin{cases} 0, & j < n \\ h'(0) |\xi'|_{g^{\partial M}}^2, & j = n \end{cases}$$

其中 $\xi = \xi' + \xi_n dx_n$。

引理 4.2 在靠近边界的带有度量 g^M 的 M 上，有如下结论：

$$\omega_{s,t}(\widetilde{e_i})(x_0) = \begin{cases} \omega_{n,t}(\widetilde{e_i})(x_0) = \dfrac{1}{2} h'(0), & s = n,\ t = i,\ i < n \\ \omega_{i,n}(\widetilde{e_i})(x_0) = -\dfrac{1}{2} h'(0), & s = i,\ t = n,\ i < n \\ \omega_{s,t}(\widetilde{e_i})(x_0) = 0, & \text{其他情况} \end{cases}$$

其中 $\omega_{s,t}$ 是 Levi-Civita 联络 ∇^L 的联络矩阵。

引理 4.3 当 $i < n$，则有：

$$\Gamma_{ii}^{n}(x_0) = \frac{1}{2}h'(0); \quad \Gamma_{ni}^{i}(x_0) = -\frac{1}{2}h'(0); \quad \Gamma_{in}^{i}(x_0) = -\frac{1}{2}h'(0)$$

在其他情况下，$\Gamma_{st}^{i}(x_0) = 0$。

4.4 拉普拉斯型算子

设 M 是 n 维无边的光滑紧致可定向的黎曼流形，V' 是 M 上的向量丛，那么任意的拉普拉斯型微分算子 P 都有如下的局部表示：

$$P = -(g^{ij}\partial_i\partial_j + A^i\partial_i + B)$$

其中，∂_i 是 TM 上的自然标架，$(g^{ij})_{1 \leq i, j \leq n}$ 是 M 上与度量矩阵 $(g_{ij})_{1 \leq i, j \leq n}$ 相关的逆矩阵，A^i 与 B 是 M 上的自同态 $End(V')$ 的光滑部分。

若 P 是拉普拉斯型算子，则存在 V' 上的唯一的联络 ∇ 以及唯一的自同态 E 使得 $P = -[g^{ij}(\nabla_{\partial_i}\nabla_{\partial_j} - \nabla_{\nabla_{\partial_i}^L\partial_j}) + E]$。此外，采用 T^*M 和 V' 的局部标架，$\nabla_{\partial_i} = \partial_i + \omega_i$ 与 E 可以通过 g^{ij} 与 A^i 以及 B 进行如下定义：

$$\omega_i = \frac{1}{2}g_{ij}(A^i + g^{kl}\Gamma_{kl}^{j}id)$$

$$E = B - g^{ij}(\partial_i(\omega_j) + \omega_i\omega_j - \omega_j\Gamma_{ij}^{k})$$

其中 Γ_{kl}^{j} 是 ∇^L 的 Christoffel 系数。

基于修改的Novikov算子的非交换留数理论

首先，本章给出修改的 Novikov 算子的定义以及与修改的 Novikov 算子相关的 Lichnerowicz 公式；其次，在后续的部分中，给出不同维数的带边流形上关于修改的 Novikov 算子的 Kastler-Kalau-Walze 类型定理的证明。

5.1 修改的 Novikov 算子

设 M 是 $n(n \geq 3)$ 维可定向的紧致的黎曼流形且 g^M 为 M 上的黎曼度量。设 de Rham 导数 d 是 $C^\infty(M ; \wedge^* T^* M)$ 上的微分算子，记 d 的伴随导数为 $\delta = d^*$，从而有对称算子 $D = d + \delta$。

为了具有普遍性，取任意闭的 $\theta \in C^\infty(M ; \ T^* M)$。为了简便起见，假定 θ 是实的。因而我们可以通过 θ 定义依赖于 $z \in \mathbb{C}$ 的 Novikov 算子：

$$d_z = d + z(\theta \wedge), \quad \delta_z = d_z^* = \delta + \bar{z} (\theta \wedge)^*$$

$$D_z = d_z + \delta_z = (d + \delta) + z(\theta \wedge) + \bar{z} (\theta \wedge)^*$$

$$= (d + \delta) + [\, Rez(\theta \wedge) + Rez(\theta \wedge)^* \,] + i [\, Imz(\theta \wedge) - Imz(\theta \wedge)^* \,]$$

$$= (d + \delta) + Rez [\, \theta \wedge + (\theta \wedge)^* \,] + iImz [\, \theta \wedge - (\theta \wedge)^* \,]$$

$$= (d + \delta) + Rez \, \bar{c} \, (\theta) + iImzc(\theta)$$

其中 Rez 是 z 的实部，Imz 是 z 的虚部，$\bar{c} \, (\theta) = (\theta^*) \wedge + (\theta \wedge)^*$，$c(\theta) = (\theta^*) \wedge - (\theta \wedge)^*$。

在本节中，我们主要考虑修改的 Novikov 算子。对于任意的 θ，$\theta' \in \Gamma(TM)$，定义修改的 Novikov 算子为：

$$\hat{D} = d + \delta + \bar{c} \, (\theta) + c(\theta')$$

$$\hat{D}^* = d + \delta + \bar{c}(\theta) - c(\theta')$$

其中，$\bar{c}(\theta) = (\theta^*) \wedge + (\theta \wedge)^*$, $c(\theta') = (\theta')^* \wedge - (\theta' \wedge)^*$, $\theta^* = g(\theta, \cdot)$, $(\theta')^* = g(\theta', \cdot)$.

设 ∇^L 是关于 g^M 的 Levi-Civita 联络，在局部坐标系 $\{x_i; \ 1 \leqslant i \leqslant n\}$ 和固定的正交标架 $\{\widetilde{e}_1, \cdots, \widetilde{e}_n\}$ 下，定义联络矩阵 $(\omega_{s,t})$ 为：

$$\nabla^L(\widetilde{e}_1, \cdots, \widetilde{e}_n) = (\widetilde{e}_1, \cdots, \widetilde{e}_n)(\omega_{s,t})$$

设 $\varepsilon(\widetilde{e}_j^*)$, $l(\widetilde{e}_j^*)$ 分别为外积和内积，$c(\widetilde{e}_j)$ 是 Clifford 作用。假定 ∂_i 是 TM 上的自然局部标架，$(g^{ij})_{1 \leqslant i, j \leqslant n}$ 是 M 上与度量矩阵 $(g_{ij})_{1 \leqslant i, j \leqslant n}$ 相关的逆矩阵。记 $c(\widetilde{e}_j) = \varepsilon(\widetilde{e}_j^*) - l(\widetilde{e}_j^*)$, $\bar{c}(\widetilde{e}_j) = \varepsilon(\widetilde{e}_j^*) + l(\widetilde{e}_j^*)$。故修改的 Novikov 算子 $\hat{D}$ 和 $\hat{D}^*$ 分别可以写成：

$$\hat{D} = d + \delta + \bar{c}(\theta) + c(\theta')$$

$$= \sum_{i=1}^{n} c(\widetilde{e}_i) \left[\widetilde{e}_i + \frac{1}{4} \sum_{s,t} \omega_{s,t}(\widetilde{e}_i) [\bar{c}(\widetilde{e}_s)\bar{c}(\widetilde{e}_t) - c(\widetilde{e}_s)c(\widetilde{e}_t)] \right] +$$

$$\bar{c}(\theta) + c(\theta')$$

$$= \sum_{i=1}^{n} c(\widetilde{e}_i) [\widetilde{e}_i + a_i + \sigma_i] + \bar{c}(\theta) + c(\theta')$$

$$\hat{D}^* = d + \delta + \bar{c}(\theta) - c(\theta')$$

$$= \sum_{i=1}^{n} c(\widetilde{e}_i) \left[\widetilde{e}_i + \frac{1}{4} \sum_{s,t} \omega_{s,t}(\widetilde{e}_i) [\bar{c}(\widetilde{e}_s)\bar{c}(\widetilde{e}_t) - c(\widetilde{e}_s)c(\widetilde{e}_t)] \right] +$$

$$\bar{c}(\theta) - c(\theta')$$

$$= \sum_{i=1}^{n} c(\widetilde{e}_i) [\widetilde{e}_i + a_i + \sigma_i] + \bar{c}(\theta) - c(\theta')$$

5.2 修改的 Novikov 算子的 Lichnerowicz 公式

根据第 4.4 节的定义，给出本部分最重要的一个定理。

定理 5.1 与 $\hat{D}^*\hat{D}$ 以及 $\hat{D}^2$ 相关的 Lichneriowicz 公式有如下形式：

$$\hat{D}^*\hat{D} = -[\,g^{ij}(\nabla_{\partial_i}\nabla_{\partial_j} - \nabla_{\nabla^L_{\partial_i}\partial_j})\,] - \frac{1}{8}\sum_{ijkl}R_{ijkl}\bar{c}(\widetilde{e}_i)\,\bar{c}(\widetilde{e}_j)c(\widetilde{e}_k)c(\widetilde{e}_l) + \frac{1}{4}s +$$

$$\sum_i c(\widetilde{e}_i)\,\bar{c}(\nabla^{TM}_{\widetilde{e}_i}\theta) - c(\theta')\,\bar{c}(\theta) + \bar{c}(\theta)c(\theta') + |\theta|^2 + |\theta'|^2 +$$

$$\frac{1}{4}\sum_i[\,c(\widetilde{e}_i)c(\theta') - c(\theta')c(\widetilde{e}_i)\,]^2 - g(\widetilde{e}_j,\ \nabla^{TM}_{\widetilde{e}_j}\theta')$$

$$\hat{D}^2 = -[\,g^{ij}(\nabla_{\partial_i}\nabla_{\partial_j} - \nabla_{\nabla^L_{\partial_i}\partial_j})\,] - \frac{1}{8}\sum_{ijkl}R_{ijkl}\bar{c}(\widetilde{e}_i)\,\bar{c}(\widetilde{e}_j)c(\widetilde{e}_k)c(\widetilde{e}_l) + \frac{1}{4}s +$$

$$\sum_i c(\widetilde{e}_i)c(\nabla^{TM}_{\widetilde{e}_i}\theta) + c(\theta')\,\bar{c}(\theta) + \bar{c}(\theta)c(\theta') + |\theta|^2 - |\theta'|^2 + \frac{1}{4}\times$$

$$\sum_i[\,c(\widetilde{e}_i)c(\theta') + c(\theta')c(\widetilde{e}_i)\,]^2 - \frac{1}{2}\,[\,c(\nabla^{TM}_{\widetilde{e}_i}\theta')c(\widetilde{e}_j) - c(\widetilde{e}_j)c\times$$

$$(\nabla^{TM}_{\widetilde{e}_i}\theta')\,]$$

其中 s 是数量曲率。

证明：因为我们知道：

$$(d + \delta + \bar{c}(\theta))^2 = (d + \delta)^2 + \sum_i c(\widetilde{e}_i)\,\bar{c}(\nabla^{TM}_{\widetilde{e}_i}\theta) + |\theta|^2$$

以及 $(d + \delta)^2$ 的局部表示为：

$$(d + \delta)^2 = -\Delta_0 - \frac{1}{8}\sum_{ijkl}R_{ijkl}\bar{c}(\widetilde{e}_i)\,\bar{c}(\widetilde{e}_j)c(\widetilde{e}_k)c(\widetilde{e}_l) + \frac{1}{4}s$$

设 $g^{ij} = g(dx_i,\ dx_j)$，$\xi = \sum_j \xi_j dx_j$，$\nabla^L_{\partial_i}\partial_j = \sum_k \Gamma^k_{ij}\partial_k$，我们定义：

$$\sigma_i = -\frac{1}{4}\sum_{s,t}\omega_{s,t}(\widetilde{e}_i)c(\widetilde{e}_s)c(\widetilde{e}_t); \qquad a_i = \frac{1}{4}\sum_{s,t}\omega_{s,t}(\widetilde{e}_i)c(\widetilde{e}_s)c(\widetilde{e}_t)$$

$$\xi^j = g^{ij}\xi_i; \qquad \Gamma^k = g^{ij}\Gamma_{ij}^k; \qquad \sigma^j = g^{ij}\sigma_i; \qquad a^j = g^{ij}a_i$$

因此，我们有：

$$-\Delta_0 = \Delta = -g^{ij}(\nabla_i^L\nabla_j^L - \Gamma_{ij}^k\nabla_k^L)$$

经过计算，我们注意到：

$$\hat{D}^*\hat{D} = \left(d + \delta + \bar{c}(\theta)\right)^2 + (d + \delta)c(\theta') + \bar{c}(\theta)(d + \delta) -$$

$$c(\theta')(d + \delta) - c(\theta')\bar{c}(\theta) + |\theta'|^2$$

其中

$$(d + \delta)c(\theta') - c(\theta')(d + \delta)$$

$$= \sum_{i,j}g^{i,j}\left[c(\partial_i)c(\theta') - c(\theta')c(\partial_i)\right]\partial_j - \sum_{i,j}g^{i,j}\left[c(\theta')c(\partial_i)\sigma_i + c(\theta')\times\right.$$

$$c(\partial_i)a_i + c(\partial_i)\partial_i(c(\theta')) + c(\partial_i)\sigma_i c(\theta') + c(\partial_i)a_i c(\theta')\left.\right]$$

从而，得到 $\hat{D}^*\hat{D}$ 的表达式如下：

$$\hat{D}^*\hat{D} = -\sum_{i,j}g^{i,j}\left[\partial_i\partial_j + 2\sigma_i\partial_j + 2a_i\partial_j - \Gamma_{i,j}^k\partial_k + (\partial_i\sigma_j) + (\partial_i a_j) + \sigma_i\sigma_j +\right.$$

$$\sigma_i a_j + a_i\sigma_j + a_i a_j - \Gamma_{i,j}^k\sigma_k - \Gamma_{i,j}^k a_k\left.\right] + \sum_{i,j}g^{i,j}\left[c(\partial_i)c(\theta') - c(\theta')\times\right.$$

$$c(\partial_i)\left.\right]\partial_j - \sum_{i,j}g^{i,j}\left[c(\theta')c(\partial_i)\sigma_i + c(\theta')c(\partial_i)a_i - c(\partial_i)\partial_i(c(\theta')) -\right.$$

$$c(\partial_i)\sigma_i c(\theta') - c(\partial_i)a_i c(\theta')\left.\right] + \frac{1}{4}s - c(\theta')\bar{c}(\theta) + \bar{c}(\theta)c(\theta') + |\theta'|^2 +$$

$$|\theta|^2 - \frac{1}{8}\sum_{ijkl}R_{ijkl}\bar{c}(\widetilde{e}_i)\bar{c}(\widetilde{e}_j)c(\widetilde{e}_k)c(\widetilde{e}_l) + \sum_i c(\widetilde{e}_i)\bar{c}(\nabla_{\widetilde{e}_i}^{TM}\theta)$$

进一步得到如下表达式：

$$(\omega_i)_{\tilde{D}^*\tilde{D}} = \sigma_i + a_i - \frac{1}{2}\big[c(\partial_i)c(\theta') - c(\theta')c(\partial_i)\big]$$

$$E_{\tilde{D}^*\tilde{D}} = -c(\partial_i)\sigma^i c(\theta') - c(\partial_i)a^i c(\theta') + \frac{1}{8}\sum_{ijkl}R_{ijkl}\bar{c}(\widetilde{e}_i)\bar{c}(\widetilde{e}_j)c(\widetilde{e}_k)c(\widetilde{e}_l) -$$

$$\sum_i c(\widetilde{e}_i)\bar{c}(\nabla^{TM}_{\widetilde{e}_i}\theta) - |\theta'|^2 - |\theta|^2 - \frac{1}{4}s + c(\theta')\bar{c}(\theta) + c(\theta')c(\partial_i)\sigma^i +$$

$$c(\theta')c(\partial_i)a^i - c(\partial_i)\partial^i(c(\theta')) + \frac{1}{2}\partial^j\big[c(\partial_j)c(\theta') - c(\theta')c(\partial_j)\big] - \frac{1}{2}\times$$

$$\big[c(\partial_j)c(\theta') - c(\theta')c(\partial_j)\big](\sigma^j + a^j) - \frac{g^{ij}}{4}\big[c(\partial_i)c(\theta') - c(\theta')c(\partial_i)\big]\times$$

$$\big[c(\partial_j)c(\theta') - c(\theta')c(\partial_j)\big] - \frac{1}{2}\Gamma^k\big[c(\partial_k)c(\theta') - c(\theta')c(\partial_k)\big] - \bar{c}(\theta)\times$$

$$c(\theta') - \frac{1}{2}(\sigma^j + a^j)\big[c(\partial_j)c(\theta') - c(\theta')c(\partial_j)\big]$$

对于 M 上的光滑向量场 Y，设 $c(Y)$ 为 Clifford 作用。由于 E 在 M 上是整体定义的，所以可以在 x_0 处取法坐标系，这样就有 $\sigma^i(x_0) = 0$，$a^i(x_0) = 0$，$\partial^j[c(\partial_j)](x_0) = 0$，$\Gamma^k(x_0) = 0$ 以及 $g^{ij}(x_0) = \delta^j_i$，因此，可以得出：

$$E_{\tilde{D}^*\tilde{D}} = \frac{1}{8}\sum_{ijkl}R_{ijkl}\bar{c}(\widetilde{e}_i)\bar{c}(\widetilde{e}_j)c(\widetilde{e}_k)c(\widetilde{e}_l) - \sum_i c(\widetilde{e}_i)\bar{c}(\nabla^{TM}_{\widetilde{e}_i}\theta) - |\theta|^2 - |\theta'|^2 -$$

$$\frac{1}{4}\sum_i\big[c(\widetilde{e}_i)c(\theta') - c(\theta')c(\widetilde{e}_i)\big]^2 - \frac{1}{2}\big[c(\widetilde{e}_j)\widetilde{e}_j(c(\theta')) + \widetilde{e}_j(c(\theta'))\times$$

$$c(\widetilde{e}_j)\big] - \frac{1}{4}s + c(\theta')\bar{c}(\theta) - \bar{c}(\theta)c(\theta')$$

$$= \frac{1}{8}\sum_{ijkl}R_{ijkl}\bar{c}(\widetilde{e}_i)\bar{c}(\widetilde{e}_j)c(\widetilde{e}_k)c(\widetilde{e}_l) - \sum_i c(\widetilde{e}_i)\bar{c}(\nabla^{TM}_{\widetilde{e}_i}\theta) - \frac{1}{4}s + c(\theta')\times$$

$$\bar{c}(\theta) - \bar{c}(\theta)c(\theta') - |\theta|^2 - |\theta'|^2 - \frac{1}{4}\sum_i\big[c(\widetilde{e}_i)c(\theta') - c(\theta')c(\widetilde{e}_i)\big]^2 +$$

$$g(\widetilde{e}_j,\ \nabla^{TM}_{\widetilde{e}_j}\theta')$$

综上得到 $\hat{D}^*\hat{D}$ 相关的 Lichneriowicz 公式，同理，借助类似的方法，可以得出 $\hat{D}^2$ 的 Lichneriowicz 公式，此处不再赘述。证毕。

我们知道广义的拉普拉斯型算子 $\tilde{\Delta}$ 的非交换留数可以表示成：

$$(n-2)\Phi_2(\tilde{\Delta}) = (4\pi)^{-\frac{n}{2}}\Gamma\left(\frac{n}{2}\right)Res(\tilde{\Delta}^{-\frac{n}{2}+1})$$

其中 $\Phi_2(\tilde{\Delta})$ 为 $\tilde{\Delta}$ 的热核展开第二个系数的对角部分的积分。

因为 $\hat{D}^*\hat{D}$ 是广义的拉普拉斯型算子，不妨令 $\tilde{\Delta} = \hat{D}^*\hat{D}$，因此我们可以假定 $\hat{D}^*\hat{D} = \Delta - E$，从而我们得到：

$$Wres(\hat{D}^*\hat{D})^{-\frac{n}{2}+1} = \frac{(n-2)(4\pi)^{\frac{n}{2}}}{\left(\frac{n}{2}-1\right)!}\int_M tr\left(\frac{1}{6}s + E_{\hat{D}^*\hat{D}}\right)dVol_M$$

其中 $Wres$ 表示非交换留数。

类似地，我们得到：

$$Wres(\hat{D}^2)^{-\frac{n}{2}+1} = \frac{(n-2)(4\pi)^{\frac{n}{2}}}{\left(\frac{n}{2}-1\right)!}\int_M tr\left(\frac{1}{6}s + E_{\hat{D}^2}\right)dVol_M$$

定理 5.2 对于 n（偶数）维无边紧致可定向的流形 M，有如下等式成立：

$$Wres(\hat{D}^*\hat{D})^{-\frac{n}{2}+1} = \frac{(n-2)(4\pi)^{\frac{n}{2}}}{\left(\frac{n}{2}-1\right)!}\int_M 2^n \left[-\frac{1}{12}s - |\theta|^2 + (n-2)|\theta'|^2 + \right.$$

$$\left. g(\tilde{e}_j,\ \nabla^{TM}_{\tilde{e}_j}\theta')\right]dVol_M$$

$$Wres(\hat{D}^2)^{-\frac{n}{2}+1} = \frac{(n-2)(4\pi)^{\frac{n}{2}}}{\left(\frac{n}{2}-1\right)!}\int_M 2^n\left(-\frac{1}{12}s - |\theta|^2\right)dVol_M$$

其中 s 是数量曲率。

5.3 4维带边流形上的 Kastler–Kalau–Walze 类型定理

在这一节，给出与修改的 Novikov 算子相关的4维可定向紧致的带边流形上的 Kastler–Kalau–Walze 型定理。

根据第4.3节，我们去计算：

$$\widetilde{Wres}\left[\pi^+ \hat{D}^{-1} \circ \pi^+\left(\hat{D}^*\right)^{-1}\right] = \int_M \int_{|\xi|=1} tr_{\wedge^* T^* M}\left[\sigma_{-4}\left(\left(\hat{D}^*\hat{D}\right)^{-1}\right)\right]\sigma(\xi)dx + \int_{\partial M}\Phi$$

其中

$$\Phi = \int_{|\xi'|=1}\int_{-\infty}^{+\infty}\sum_{j,\,k=0}^{\infty}\sum\frac{(-i)^{|\alpha|+j+k+l}}{\alpha!(j+k+l)!}tr_{\wedge^* T^* M}[\partial^j_{x_n}\partial^\alpha_{\xi'}\partial^k_{\xi_n}\sigma^+_r(\hat{D}^{-1})\times$$

$$(x',\ 0,\ \xi',\ \xi_n)\partial^\alpha_{x'}\partial^{j+1}_{\xi_n}\partial^k_{x_n}\sigma_l\left(\left(\hat{D}^*\right)^{-1}\right)(x',\ 0,\ \xi',\ \xi_n)]$$

$$d\xi_n\sigma(\xi')dx'$$

且满足和式 $r+l-k-j-|\alpha|=-3$，$r\leqslant-1$，$l\leqslant-1$。

在局部上，利用定理5.2去计算 $\widetilde{Wres}\left[\pi^+ \hat{D}^{-1} \circ \pi^+\left(\hat{D}^*\right)^{-1}\right]$ 中的第一项，我们有：

$$\int_M\int_{|\xi|=1}tr_{\wedge^* T^* M}\left[\sigma_{-4}\left(\left(\hat{D}^*\hat{D}\right)^{-1}\right)\right]\sigma(\xi)dx$$

$$= 32\pi^2\int_M[16g(\widetilde{e_j},\ \nabla^{TM}_{\widetilde{e_j}}\theta')-\frac{4}{3}s-16|\theta|^2+32|\theta'|^2]dVol_M$$

所以只需要计算 $\int_{\partial M}\Phi$ 即可。接下来，给出关于修改的 Novikov 算子的符号如下。

引理 5.1　如下等式成立：

$$\sigma_1(\hat{D}) = \sigma_1(\hat{D}^*) = ic(\xi)$$

$$\sigma_0(\hat{D}) = b_0^1(x_0) + b_0^2(x_0) + \bar{c}(\theta) + c(\theta')$$

$$\sigma_0(\hat{D}^*) = b_0^1(x_0) + b_0^2(x_0) + \bar{c}(\theta) - c(\theta')$$

其中

$$b_0^1(x_0) = \frac{1}{4} \sum_{i,s,t} \omega_{s,t}(\widetilde{e}_i) c(\widetilde{e}_i) \bar{c}(\widetilde{e}_s) \bar{c}(\widetilde{e}_t), \ b_0^2(x_0)$$

$$= -\frac{1}{4} \sum_{i,s,t} \omega_{s,t}(\widetilde{e}_i) c(\widetilde{e}_i) c(\widetilde{e}_s) c(\widetilde{e}_t)$$

记

$$D_x^\alpha = (-i)^{|\alpha|} \partial_x^\alpha$$

$$\sigma(\hat{D}) = p_1 + p_0$$

$$\sigma(\hat{D}^{-1}) = \sum_{j=1}^\infty q_{-j}$$

根据拟微分算子的合成公式，我们有：

$$1 = \sigma(\hat{D} \circ \hat{D}^{-1})$$

$$= \sum_\alpha \frac{1}{\alpha!} \partial_\xi^\alpha [\sigma(\hat{D})] D_x^\alpha [\sigma(\hat{D}^{-1})]$$

$$= (p_1 + p_0)(q_{-1} + q_{-2} + q_{-3} + \cdots) + \sum_j (\partial_{\xi_i} p_1 + \partial_{\xi_i} p_0)(D_{x_i} q_{-1} + D_{x_i} q_{-2} +$$

$$D_{x_i} q_{-3} + \cdots)$$

$$= p_1 q_{-1} + (p_1 q_{-2} + p_0 q_{-1} + \sum_j \partial_{\xi_i} p_1 D_{x_i} q_{-1}) + \cdots$$

从而得到 $q_{-1} = p_1^{-1}$；$q_{-2} = -p_1^{-1}[p_0 p_1^{-1} + \sum_j \partial_{\xi_i} p_1 D_{x_i}(p_1^{-1})]$。

通过引理5.1，再给出修改的Novikov算子的另一组符号。

引理5.2 如下等式成立：

$$\sigma_{-1}(\hat{D}^{-1}) = \sigma_{-1}\left((\hat{D}^*)^{-1}\right) = \frac{ic(\xi)}{|\xi|^2}$$

$$\sigma_{-2}(\hat{D}^{-1}) = \frac{c(\xi)\sigma_0(\hat{D})c(\xi)}{|\xi|^4} + \frac{c(\xi)}{|\xi|^6}\sum_j c(dx_j)[\partial_{x_j}(c(\xi))|\xi|^2 -$$

$$c(\xi)\partial_{x_j}(|\xi|^2)]$$

$$\sigma_{-2}\left((\hat{D}^*)^{-1}\right) = \frac{c(\xi)\sigma_0(\hat{D}^*)c(\xi)}{|\xi|^4} + \frac{c(\xi)}{|\xi|^6}\sum_j c(dx_j)[\partial_{x_j}(c(\xi))|\xi|^2 -$$

$$c(\xi)\partial_{x_j}(|\xi|^2)]$$

根据如上关于修改的Novikov算子符号的表述以及Φ的定义，可以进一步计算$\int_{\partial M}\Phi$。

由于$n = 4$，因此有$tr_{\wedge^*T^*M}[\mathrm{id}] = \dim(\wedge^*(4)) = 16$，由于和式满足$r + l - k - j - |\alpha| = -3$，$r \leqslant -1$，$l \leqslant -1$，所以$\Phi$有如下五种情况：

情况一：$r = -1$，$l = -1$，$k = j = 0$，$|\alpha| = 1$。

根据Φ的定义，我们得到如下等式：

$$情况一 = -\int_{|\xi'|=1}\int_{-\infty}^{+\infty}\sum_{|\alpha|=1}tr\left[\partial_\xi^\alpha\pi_{\xi_n}^+\sigma_{-1}(\hat{D}^{-1})\times\partial_{x'}^\alpha\partial_{\xi_n}\sigma_{-1}\left((\hat{D}^*)^{-1}\right)\right](x_0)$$

$$d\xi_n\sigma(\xi')dx'$$

根据引理5.2，对于$i < n$，则有：

$$\partial_{x_i}\left(\frac{ic(\xi)}{|\xi|^2}\right)(x_0) = \frac{i\partial_{x_i}(c(\xi))(x_0)}{|\xi|^2} - \frac{ic(\xi)\partial_{x_i}(|\xi|^2)(x_0)}{|\xi|^2} = 0$$

进一步说明情况一是退化的。

情况二：$r = -1$，$l = -1$，$k = |\alpha| = 0$，$j = 1$。

根据 Φ 的定义，得到如下等式：

$$\text{情况二} = -\frac{1}{2} \int_{|\xi'|=1} \int_{-\infty}^{+\infty} tr\left[\partial_{x_n} \pi_{\xi_n}^+ \sigma_{-1}(\hat{D}^{-1}) \times \partial_{\xi_n}^2 \sigma_{-1}\left((\hat{D}^*)^{-1}\right) \right](x_0)$$

$$d\xi_n \sigma(\xi') dx'$$

根据引理 5.2，我们有：

$$\partial_{\xi_n}^2 \sigma_{-1}\left((\hat{D}^*)^{-1}\right)(x_0) = i\left(-\frac{6\xi_n c(dx_n) + 2c(\xi')}{|\xi|^4} + \frac{8\xi_n^2 c(\xi)}{|\xi|^6} \right)$$

$$\partial_{x_n} \sigma_{-1}(\hat{D}^{-1})(x_0) = \frac{i\partial_{x_i}\left(c(\xi')\right)(x_0)}{|\xi|^2} - \frac{ic(\xi)|\xi'|^2 h'(0)}{|\xi|^4}$$

通过柯西积分公式，我们进一步得到：

$$\pi_{\xi_n}^+\left[\frac{c(\xi)}{|\xi|^4} \right](x_0)\bigg|_{|\xi'|=1} = -\frac{\left(i\xi_n + 2\right)c(\xi') + ic(dx_n)}{4(\xi_n - i)^2}$$

类似地，我们有：

$$\pi_{\xi_n}^+\left[\frac{i\partial_{x_i}\left(c(\xi')\right)}{|\xi|^2} \right](x_0)\bigg|_{|\xi'|=1} = \frac{\partial_{x_n}\left(c(\xi')\right)(x_0)}{2(\xi_n - i)}$$

则有如下结论：

$$\pi_{\xi_n}^+ \partial_{x_n} \sigma_{-1}(\hat{D}^{-1})\bigg|_{|\xi'|=1} = \frac{\partial_{x_n}\left(c(\xi')\right)(x_0)}{2(\xi_n-i)} + ih'(0)\left[\frac{\left(i\xi_n+2\right)c(\xi')+ic(dx_n)}{4(\xi_n-i)^2} \right]$$

根据 Clifford 作用和 $trAB = trBA$，我们有如下等式：

$$tr\left[c(\xi')c(dx_n) \right] = 0$$

$$tr\left[c(dx_n)^2 \right] = -16$$

$$tr\left[c(\xi')^2 \right] = -16$$

$$tr[\partial_{x_n}c(\xi')c(dx_n)] = 0$$

$$tr[\partial_{x_n}c(\xi')c(\xi')](x_0)\big|_{|\xi'|=1} = -8h'(0)$$

$$tr[\bar{c}(\widetilde{e}_i)\bar{c}(\widetilde{e}_j)c(\widetilde{e}_k)c(\widetilde{e}_l)] = 0 \ (i \neq j)$$

结合情况二的具体表达式和直接计算，我们得到：

$$h'(0)tr\left[\frac{(i\xi_n+2)c(\xi')+ic(dx_n)}{4(\xi_n-i)^2} \times \left(\frac{6\xi_n c(dx_n)+2c(\xi')}{|\xi|^4}+\frac{8\xi_n^2 c(\xi)}{|\xi|^6}\right)\right](x_0)\Bigg|_{|\xi'|=1}$$

$$=-16h'(0)\frac{-2i\xi_n^2-\xi_n+i}{(\xi_n-i)^4(\xi_n+i)^3}$$

类似地，我们有：

$$-i \cdot tr\left[\frac{\partial_{x_n}(c(\xi'))(x_0)}{2(\xi_n-i)} \times \left(\frac{6\xi_n c(dx_n)+2c(\xi')}{|\xi|^4}+\frac{8\xi_n^2 c(\xi)}{|\xi|^6}\right)\right](x_0)\Bigg|_{|\xi'|=1}$$

$$= -8i \cdot h'(0)\frac{3\xi_n^2-1}{(\xi_n-i)^4(\xi_n+i)^3}$$

从而

$$情况二 = -\int_{|\xi'|=1}\int_{-\infty}^{+\infty}\frac{4ih'(0)(\xi_n-i)^2}{(\xi_n-i)^4(\xi_n+i)^3}d\xi_n\sigma(\xi')dx'$$

$$= -\frac{3}{2}\pi h'(0)\Omega_3 dx'$$

其中 Ω_3 是 S^3 的规范体积。

情况三：$r=-1$, $l=-1$, $j=|\alpha|=0$, $k=1$。

根据 Φ 的定义，得到如下等式：

$$情况三 = -\frac{1}{2}\int_{|\xi'|=1}\int_{-\infty}^{+\infty}tr\left[\partial_{\xi_n}\pi_{\xi_n}^+\sigma_{-1}^+(\hat{D}^{-1}) \times \partial_{\xi_n}\partial_{x_n}\sigma_{-1}((\hat{D}^*)^{-1})\right](x_0)d\xi_n\sigma(\xi')dx'$$

通过引理 5.2，我们得到：

$$\partial_{\xi_n} \partial_{x_n} \sigma_{-1}\left(\left(\hat{D}^*\right)^{-1}\right)(x_0)\bigg|_{|\xi'|=1}$$

$$= -ih'(0)\left(\frac{c(dx_n)}{|\xi|^4} - \frac{4\xi_n\left(c(\xi') + \xi_n c(dx_n)\right)}{|\xi|^6}\right) - \frac{2\xi_n i\partial_{x_n}\left(c(\xi')\right)(x_0)}{|\xi|^4}$$

以及

$$\partial_{\xi_n} \pi_{\xi_n}^+ \sigma_{-1}\left(\hat{D}^{-1}\right)(x_0)\bigg|_{|\xi'|=1} = -\frac{c(\xi') + ic(dx_n)}{2(\xi_n - i)^2}$$

将上面两等式代入到情况三表达式中，我们便可以得到以下两项：

$$tr\left\{\frac{c(\xi') + ic(dx_n)}{2(\xi_n - i)^2} \times ih'(0)\left(\frac{c(dx_n)}{|\xi|^4} - \frac{4\xi_n\left(c(\xi') + \xi_n c(dx_n)\right)}{|\xi|^6}\right)\right\}$$

$$= 8h'(0)\frac{i - 3\xi_n}{(\xi_n - i)^4(\xi_n + i)^3}$$

和

$$tr\left\{\frac{c(\xi') + ic(dx_n)}{2(\xi_n - i)^2} \times \frac{2\xi_n i\partial_{x_n}\left(c(\xi')\right)(x_0)}{|\xi|^4}\right\}$$

$$= \frac{-8h'(0)\xi_n}{(\xi_n - i)^4(\xi_n + i)^2}$$

综合以上，便得到：

$$情况三 = -\int_{|\xi'|=1}\int_{-\infty}^{+\infty}\frac{4h'(0)(i - 3\xi_n)}{(\xi_n - i)^4(\xi_n + i)^3}d\xi_n\sigma(\xi')dx'$$

$$= \frac{3}{2}\pi h'(0)\Omega_3 d(x')$$

情况四：$r = -2$，$l = -1$，$k = j = |\alpha| = 0$。

根据 Φ 的定义，我们得到如下等式：

$$情况四 = -i\int_{|\xi'|=1}\int_{-\infty}^{+\infty}tr\left[\pi_{\xi_n}^+\sigma_{-2}\left(\hat{D}^{-1}\right) \times \partial_{\xi_n}\sigma_{-1}\left(\left(\hat{D}^*\right)^{-1}\right)\right](x_0)d\xi_n\sigma(\xi')dx'$$

通过引理 5.2，我们得到：

$$\sigma_{-2}(\hat{D}^{-1})(x_0) = \frac{c(\xi)\sigma_0(\hat{D})(x_0)c(\xi)}{|\xi|^4} +$$

$$\frac{c(\xi)}{|\xi|^6}c(dx_n)\left[\partial_{x_n}\left(c(\xi')\right)(x_0)|\xi|^2 - c(\xi)h'(0)|\xi|^2_{\partial M}\right]$$

再结合柯西积分公式，便得出：

$$\pi^+_{\xi_n}\sigma_{-2}(\hat{D}^{-1})(x_0)\Big|_{|\xi'|=1}$$

$$= \pi^+_{\xi_n}\left[\frac{c(\xi)b^1_0(x_0)c(\xi)}{|\xi|^4}\right] + \pi^+_{\xi_n}\left[\frac{c(\xi)\left(\bar{c}(\theta) + c(\theta')\right)(x_0)c(\xi)}{|\xi|^4}\right] +$$

$$\pi^+_{\xi_n}\left[\frac{c(\xi)b^2_0(x_0)c(\xi) + c(\xi)c(dx_n)\partial_{x_n}\left(c(\xi')\right)(x_0)}{|\xi|^4} - \right.$$

$$\left. h'(0)\frac{c(\xi)c(dx_n)c(\xi)}{|\xi|^6}\right]$$

为了方便，不妨设上式中的后两项：

$$\pi^+_{\xi_n}\left[\frac{c(\xi)b^2_0(x_0)c(\xi) + c(\xi)c(dx_n)\partial_{x_n}\left(c(\xi')\right)(x_0)}{|\xi|^4}\right] -$$

$$h'(0)\pi^+_{\xi_n}\left[\frac{c(\xi)c(dx_n)c(\xi)}{|\xi|^6}\right]$$

$$: = B_1 - B_2$$

其中

$$B_1 = \frac{-1}{4(\xi_n - i)}\left[(2 + i\xi_n)c(\xi')b^2_0(x_0)c(\xi') + i\xi_n c(dx_n)b^2_0(x_0)c(dx_n) + \right.$$

$$ic(dx_n)b^2_0(x_0)c(\xi') + (2 + i\xi_n)c(\xi')c(dx_n)\partial_{x_n}c(\xi') - i\partial_{x_n}c(\xi') +$$

$$\left. ic(\xi')b^2_0(x_0)c(dx_n)\right]$$

$$B_2 = \frac{h'(0)}{2}\left[\frac{c(dx_n)}{4i(\xi_n - i)} + \frac{c(dx_n) - ic(\xi')}{8(\xi_n - i)^2} + \right.$$

$$\left. \frac{(3\xi_n - 7i)\left(ic(\xi') - c(dx_n)\right)}{8(\xi_n - i)^3}\right]$$

另外，通过柯西积分公式，经计算得出：

$$\pi_{\xi_n}^+\left[\frac{c(\xi)b_0^1(x_0)c(\xi)}{|\xi|^4}\right]$$

$$= -\frac{c(\xi')b_0^1(x_0)c(\xi')(2 + i\xi_n)}{4(\xi_n - i)^2} + \frac{ic(\xi')b_0^1(x_0)c(dx_n)}{4(\xi_n - i)^2} +$$

$$\frac{ic(dx_n)b_0^1(x_0)c(\xi')}{4(\xi_n - i)^2} + \frac{i\xi_n c(dx_n)b_0^1(x_0)c(dx_n)}{4(\xi_n - i)^2}$$

因为

$$c(dx_n)b_0^1(x_0) = -\frac{1}{4}h'(0)\sum_{i=1}^{n-1}c(\widetilde{e_i})\,\overline{c}\,(\widetilde{e_i})c(\widetilde{e_n})\,\overline{c}\,(\widetilde{e_n})$$

所以结合 Clifford 作用的关系以及 $trAB = trBA$，我们有如下等式：

$$tr\,[\,c(\widetilde{e_i})\,\overline{c}\,(\widetilde{e_i})c(\widetilde{e_n})\,\overline{c}\,(\widetilde{e_n})\,] = 0\,(i < n)$$

$$tr\,[\,b_0^1 c(dx_n)\,] = 0$$

$$tr\,[\,\overline{c}\,(\theta)c(dx_n)\,] = 0$$

$$tr\,[\,c(\theta')c(dx_n)\,] = -16g(\theta',\ c(dx_n))$$

$$tr\,[\,\overline{c}\,(\xi')c(dx_n)\,] = 0$$

又因为

$$\partial_{\xi_n}\sigma_{-1}\left(({\hat{D}}^*)^{-1}\right) = i\left(\frac{c(dx_n)}{1 + \xi_n^2} - \frac{2\xi_n c(\xi') + 2\xi_n^2 c(dx_n)}{(1 + \xi_n^2)^2}\right)$$

因此，我们来求迹：

$$tr\left\{\pi^+_{\xi_n}\left[\frac{c(\xi)b^1_0(x_0)c(\xi)}{|\xi|^4}\right] \times \partial_{\xi_n}\sigma_{-1}\left((\hat{D}^*)^{-1}\right)\right\}$$

$$= \frac{1}{2(1+\xi_n^{~2})}tr\left[c(\xi')b^1_0(x_0)\right] + \frac{i}{2(1+\xi_n^{~2})}tr\left[c(dx_n)b^1_0(x_0)\right]$$

$$= \frac{1}{2(1+\xi_n^{~2})}tr\left[c(\xi')b^1_0(x_0)\right]$$

我们注意到 $i < n$，有 $\int_{|\xi'|=1}\left\{\xi_{i_1}\cdots\xi_{i_{2d+1}}\right\}\sigma(\xi') = 0$，所以 $tr\left[c(\xi')b^1_0(x_0)\right]$ 对于计算情况四无贡献。

通过 B_1 式与 $\partial_{\xi_n}\sigma_{-1}\left((\hat{D}^*)^{-1}\right)$，进一步得到：

$$tr\left\{B_1 \times \partial_{\xi_n}\sigma_{-1}\left((\hat{D}^*)^{-1}\right)\right\}\Big|_{|\xi'|=1} = \frac{6ih'(0)}{(1+\xi_n^{~2})^2} + 2h'(0)\frac{\xi_n^{~2} - i\xi_n - 2}{(\xi_n - i)(1+\xi_n^{~2})^2}$$

通过 B_2 式与 $\partial_{\xi_n}\sigma_{-1}\left((\hat{D}^*)^{-1}\right)$，我们有结论：

$$tr\left\{B_2 \times \partial_{\xi_n}\sigma_{-1}\left((\hat{D}^*)^{-1}\right)\right\}\Big|_{|\xi'|=1} = 8ih'(0)\frac{-i\xi_n^{~2} - \xi_n + 4i}{4(\xi_n - i)^3(\xi_n + i)^2}$$

综上所述，我们进一步得到：

$$-i\int_{|\xi'|=1}\int_{-\infty}^{+\infty}tr\left[(B_1 - B_2) \times \partial_{\xi_n}\sigma_{-1}\left((\hat{D}^*)^{-1}\right)\right](x_0)d\xi_n\sigma(\xi')dx'$$

$$= \frac{9}{2}\pi h'(0)\Omega_3 dx'$$

同时，我们有：

$$tr\left\{\pi^+_{\xi_n}\left[\frac{c(\xi)\bar{c}(\theta)(x_0)c(\xi)}{|\xi|^4}\right] \times \partial_{\xi_n}\sigma_{-1}\left((\hat{D}^*)^{-1}\right)(x_0)\right\}\Big|_{|\xi'|=1}$$

$$= \frac{1}{2(1+\xi_n^{~2})}tr\left[c(\xi')\bar{c}(\theta)(x_0)\right]$$

以及

$$tr\left\{\pi_{\xi_n}^+\left[\frac{c(\xi)c(\theta')(x_0)c(\xi)}{|\xi|^4}\right]\times\partial_{\xi_n}\sigma_{-1}\left(\left(\hat{D}^*\right)^{-1}\right)(x_0)\right\}\Bigg|_{|\xi'|=1}$$

$$=\frac{i}{2(1+\xi_n^{\ 2})}tr\left[\,c(dx_n)c(\theta')(x_0)\,\right]$$

通过以上两式，我们有：

$$-i\int_{|\xi'|=1}\int_{-\infty}^{+\infty}tr\left[\left(\frac{c(\xi)\left(\overline{c}(\theta)+c(\theta')\right)c(\xi)}{|\xi|^4}\right)\times\partial_{\xi_n}\sigma_{-1}\left(\left(\hat{D}^*\right)^{-1}\right)\right](x_0)\times$$

$$d\xi_n\sigma(\xi')dx'=-4\pi g(\theta',\ dx_n)\Omega_3dx'$$

综上所述，我们有：

$$情况四=\frac{9}{2}\pi h'(0)\Omega_3dx'-4\pi g(\theta',\ dx_n)\Omega_3dx'$$

情况五：$r=-1$，$l=-2$，$k=j=|\alpha|=0$。

根据 Φ 的定义，我们得到如下等式：

$$情况五=-i\int_{|\xi'|=1}\int_{-\infty}^{+\infty}tr\left[\pi_{\xi_n}^+\sigma_{-1}(\hat{D}^{-1})\times\partial_{\xi_n}\sigma_{-2}\left(\left(\hat{D}^*\right)^{-1}\right)\right](x_0)d\xi_n\sigma(\xi')dx'$$

通过柯西积分公式以及引理 5.2，我们得到：

$$\pi_{\xi_n}^+\sigma_{-1}(\hat{D}^{-1})\Big|_{|\xi'|=1}=\frac{c(\xi')+ic(dx_n)}{2(\xi_n-i)}$$

又因为

$$\partial_{\xi_n}\sigma_{-2}\left(\left(\hat{D}^*\right)^{-1}\right)(x_0)\Big|_{|\xi'|=1}$$

$$=\partial_{\xi_n}\left[\frac{c(\xi)b_0^1(x_0)c(\xi)}{|\xi|^4}\right]+$$

$$\partial_{\xi_n}\left[\frac{c(\xi)}{|\xi|^6}c(dx_n)\left[\partial_{x_n}\big(c(\xi')\big)(x_0)|\xi|^2 - c(\xi)h'(0)\right]\right] +$$

$$\partial_{\xi_n}\left[\frac{c(\xi)b_0^2(x_0)c(\xi)}{|\xi|^4}\right] + \partial_{\xi_n}\left[\frac{c(\xi)\big(\bar{c}(\theta) - c(\theta')\big)(x_0)c(\xi)}{|\xi|^4}\right]$$

其中

$$\partial_{\xi_n}\left[\frac{c(\xi)b_0^1(x_0)c(\xi)}{|\xi|^4}\right] = \frac{c(dx_n)b_0^1(x_0)c(\xi)}{|\xi|^4} + \frac{c(\xi)b_0^1(x_0)c(dx_n)}{|\xi|^4}$$

$$-\frac{4\xi_n c(\xi)b_0^1(x_0)c(\xi)}{|\xi|^6}$$

以及

$$\partial_{\xi_n}\left[\frac{c(\xi)\big(\bar{c}(\theta) - c(\theta')\big)c(\xi)}{|\xi|^4}\right] = \frac{c(dx_n)\big(\bar{c}(\theta) - c(\theta')\big)c(\xi)}{|\xi|^4} +$$

$$\frac{c(\xi)\big(\bar{c}(\theta) - c(\theta')\big)c(dx_n)}{|\xi|^4} -$$

$$\frac{4\xi_n c(\xi)\big(\bar{c}(\theta) - c(\theta')\big)c(\xi)}{|\xi|^6}$$

为了方便，将 $\partial_{\xi_n}\sigma_{-2}\big((\hat{D}^*)^{-1}\big)(x_0)\Big|_{|\xi'|=1}$ 中间两项记为：

$$q_{-2}^1 = \frac{c(\xi)b_0^2(x_0)c(\xi)}{|\xi|^4} + \frac{c(\xi)}{|\xi|^6}c(dx_n)\left[\partial_{x_n}\big(c(\xi')\big)(x_0)|\xi|^2\right.$$

$$\left. -c(\xi)h'(0)\right]$$

那么将上式求偏导则有：

$$\partial_{\xi_n} q_{-2}^1 = \frac{1}{(1+\xi_n^2)^3}\big[(2\xi_n - 2\xi_n^3)c(dx_n)b_0^2(x_0)c(dx_n) + (1-3\xi_n^2)\times$$

$$c(dx_n)\times b_0^2(x_0)c(\xi') + (1-3\xi_n^2)c(\xi')b_0^2(x_0)c(dx_n) -$$

$$4\xi_n c(\xi')b_0^2(x_0)c(\xi') + (3\xi_n^2 - 1)\partial_{x_n}c(\xi') - 4\xi_n c(\xi')c(dx_n)\times$$

$$\partial_{x_n}c(\xi') + 2h'(0)c(\xi') + 2\times h'(0)\xi_n c(dx_n)\big] + 6h'(0)\times$$

$$\xi_n \frac{c(\xi)c(dx_n)c(\xi)}{(1+\xi_n^2)^4}$$

因此，我们得到：

$$tr\left\{\pi_{\xi_n}^+ \sigma_{-1}(\hat{D}^{-1})\times \partial_{\xi_n}\left[\frac{c(\xi)b_0^1(x_0)c(\xi)}{|\xi|^4}\right]\right\}(x_0)\bigg|_{|\xi'|=1}$$

$$= \frac{-1}{(\xi_n - i)(\xi_n + i)}tr[c(\xi')b_0^1(x_0)] + \frac{i}{(\xi_n - i)(\xi_n + i)}tr[c(dx_n)b_0^1(x_0)]$$

我们注意到 $i < n$，$\int_{|\xi'|=1}\left\{\xi_{i_1}\cdots\xi_{i_{2d+1}}\right\}\sigma(\xi') = 0$，所以 $tr[c(\xi')b_0^1(x_0)]$ 对

于计算情况五无贡献。因此，

$$tr\left\{\pi_{\xi_n}^+ \sigma_{-1}(\hat{D}^{-1})\times \partial_{\xi_n}\left[\frac{c(\xi)b_0^1(x_0)c(\xi)}{|\xi|^4}\right]\right\}(x_0)\bigg|_{|\xi'|=1}$$

$$= \frac{-1}{(\xi_n - i)(\xi_n + i)}tr[c(\xi')b_0^1(x_0)]$$

再结合 $\pi_{\xi_n}^+ \sigma_{-1}(\hat{D}^{-1})$ 与 $\partial_{\xi_n}q_{-2}^1$ 结果，我们又可以得到：

$$tr\left\{\pi_{\xi_n}^+ \sigma_{-1}(\hat{D}^{-1})\times \partial_{\xi_n}q_{-2}^1\right\}(x_0)\bigg|_{|\xi'|=1}$$

$$= \frac{12h'(0)(i\xi_n^2 + \xi_n - 2i)}{(\xi_n - i)^3(\xi_n + i)^3} + \frac{48h'(0)i\xi_n}{(\xi_n - i)^3(\xi_n + i)^4}$$

将上式求积分，那么便有：

$$-i\Omega_3\int_{\Gamma_+}\left[\frac{12h'(0)(i{\xi_n}^2+\xi_n-2i)}{(\xi_n-i)^3(\xi_n+i)^3}+\frac{48h'(0)i\xi_n}{(\xi_n-i)^3(\xi_n+i)^4}\right]d\xi_n dx'$$

$$=-\frac{9}{2}\pi h'(0)\Omega_3 dx'$$

结合 $\pi^+_{\xi_n}\sigma_{-1}(\hat{D}^{-1})$ 与 $\partial_{\xi_n}\left[\dfrac{c(\xi)\left(\overline{c}(\theta)-c(\theta')\right)c(\xi)}{|\xi|^4}\right]$，再得到：

$$tr\left\{\pi^+_{\xi_n}\sigma_{-1}(\hat{D}^{-1})\times\partial_{\xi_n}\left[\frac{c(\xi)\left(\overline{c}(\theta)-c(\theta')\right)c(\xi)}{|\xi|^4}\right]\right\}(x_0)\Bigg|_{|\xi'|=1}$$

$$=\frac{-1}{(\xi_n-i)(\xi_n+i)^3}tr\left[c(\xi')\left(\overline{c}(\theta)-c(\theta')\right)(x_0)\right]+$$

$$\frac{i}{(\xi_n-i)(\xi_n+i)^3}tr\left[c(dx_n)\left(\overline{c}(\theta)-c(\theta')\right)(x_0)\right]$$

我们注意到当 $i<n$ 时，便出现 $\int_{|\xi'|=1}\left\{\xi_{i_1}\cdots\xi_{i_{2d+1}}\right\}\sigma(\xi')=0$，所

以 $tr\left[c(\xi')\left(\overline{c}(\theta)-c(\theta')\right)(x_0)\right]$ 对于计算情况五无贡献。因此，有：

$$-i\int_{|\xi'|=1}\int_{-\infty}^{+\infty}tr\left\{\pi^+_{\xi_n}\sigma_{-1}(\hat{D}^{-1})\times\partial_{\xi_n}\left[\frac{c(\xi)\left(\overline{c}(\theta)-c(\theta')\right)c(\xi)}{|\xi|^4}\right]\right\}(x_0)$$

$$\times d\xi_n\sigma(\xi')dx'=-4\pi g(\theta',\ dx_n)\Omega_3 dx'$$

综上所述，便得到：

$$情况五=-\frac{9}{2}\pi h'(0)\Omega_3 dx'-4\pi g(\theta',\ dx_n)\Omega_3 dx'$$

因为 Φ 是情况一至五之和，所以：

$$\Phi=-8\pi g(\theta',\ dx_n)\Omega_3 dx'$$

定理5.3 设 M 是 4 维带有边界 ∂M 可定向的紧致流形且 g^M 是 M 上

的度量，$\hat{D}$ 和 $\hat{D}^*$ 是 $\hat{M}$ 上的修改的 Novikov 算子，则：

$$\widetilde{Wres}\,[\,\pi^+\hat{D}^{-1} \circ \pi^+(\hat{D}^*)^{-1}] = 32\pi^2\int_M [16g(\tilde{e}_j,\,\nabla^{TM}_{\tilde{e}_j}\theta') - \frac{4}{3}s - 16|\theta|^2 +$$

$$32|\theta'|^2]\,dVol_M - 8\pi\int_{\partial M}g(\theta',\,dx_n)\Omega_3 dx'$$

其中 s 是数量曲率。

同理可证与 $\hat{D}^2$ 相关的 4 维带边流形的 Kastler–Kalau–Walze 类型定理，即有如下结论：

定理 5.4 设 M 是 4 维带有边界 ∂M 可定向的紧致流形且 g^M 是 M 上的度量，$\hat{D}$ 是 $\hat{M}$ 上的修改的 Novikov 算子，则：

$$\widetilde{Wres}\,[\,\pi^+\hat{D}^{-1} \circ \pi^+\hat{D}^{-1}] = 32\pi^2\int_M\left(-\frac{4}{3}s - 16|\theta|^2\right)dVol_M$$

其中 s 是数量曲率。

5.4　6 维带边流形上的 Kastler–Kalau–Walze 类型定理

在这一节中，我们证明了与修改的 Novikov 算子有关的 6 维带边流形的 Kastler–Kalau–Walze 类型定理。

根据第 4.3 节，我们去计算：

$$\widetilde{Wres}\,[\,\pi^+\hat{D}^{-1} \circ \pi^+(\hat{D}^*\hat{D}\hat{D}^*)^{-1}]$$

$$= \int_M\int_{|\xi|=1} tr_{\wedge^*T^*M}\left[\sigma_{-4}((\hat{D}^*\hat{D})^{-2})\right]\sigma(\xi)dx + \int_{\partial M}\Psi$$

其中

$$\Psi = \int_{|\xi'|=1} \int_{-\infty}^{+\infty} \sum_{j,k=0}^{\infty} \sum \frac{(-i)^{|\alpha|+j+k+l}}{\alpha!(j+k+l)!} tr_{\wedge^* T^* M} [\partial_{x_n}^j \partial_\xi^\alpha \partial_{x_n}^k \sigma_r^+(\hat{D}^{-1}) \times$$

$$(x', 0, \xi', \xi_n) \partial_{x'}^\alpha \partial_{\xi_n}^{j+1} \partial_{x_n}^k \sigma_l((\hat{D}^* \hat{D} \hat{D}^*)^{-1})(x', 0, \xi', \xi_n)]$$

$$d\xi_n \sigma(\xi') dx'$$

且和式满足 $r + l - k - j - |\alpha| - 1 = -6$，$r \leqslant -1$，$l \leqslant -3$。

在局部上，利用定理 5.2 去计算 $\widetilde{Wres}\,[\pi^+ \hat{D}^{-1} \circ \pi^+(\hat{D}^* \hat{D} \hat{D}^*)^{-1}]$ 的第一项，我们有：

$$\int_M \int_{|\xi|=1} trace_{\wedge^* T^* M}\left[\sigma_{-4}\left((\hat{D}^* \hat{D})^{-2}\right)\right] \sigma(\xi) dx$$

$$= 128\pi^3 \int_M \left[64 g(\widetilde{e}_j, \nabla_{\widetilde{e}_j}^{TM} \theta') - \frac{16}{3} s - 16|\theta|^2 + 256|\theta'|^2\right] dVol_M$$

所以只需要去计算 $\int_{\partial M} \Psi$，首先，我们来给出 $\hat{D}^* \hat{D} \hat{D}^*$ 的表达式。

$$\hat{D}^* \hat{D} \hat{D}^* = \sum_{i=1}^n c(\widetilde{e}_i)\langle \widetilde{e}_i, dx_l\rangle (g^{i,j}\partial_l\partial_i\partial_j) + \sum_{i=1}^n c(\widetilde{e}_i)\langle \widetilde{e}_i, dx_l\rangle - (\partial_l g^{i,j})\partial_i$$

$$\{\partial_j - g^{i,j}\left(4(\sigma_i + a_i)\partial_j - 2\Gamma_{i,j}^k \partial_k\right)\partial_l\} + \sum_{i=1}^n c(\widetilde{e}_i)\langle \widetilde{e}_i, dx_l\rangle \times$$

$$\{-2(\partial_l g^{i,j})(\sigma_i + a_i)\partial_j + g^{i,j}(\partial_l \Gamma_{i,j}^k) - 2g^{i,j}[(\partial_l \sigma_i) + (\partial_l a_i)]\partial_j +$$

$$(\partial_l g^{i,j})\Gamma_{i,j}^k \partial_k + \sum_{j,k}[\partial_l \times (c(\theta')c(\widetilde{e}_j) - c(\widetilde{e}_j)c(\theta'))]\}\langle \widetilde{e}_j, dx^k\rangle \partial_k +$$

$$\sum_{j,k}(c(\theta')c(\widetilde{e}_j) - c(\widetilde{e}_j)c(\theta'))\times [\partial_l\langle \widetilde{e}_j, dx^k\rangle]\partial_k + \sum_{i=1}^n c(\widetilde{e}_i)\times$$

$$\langle \widetilde{e}_i, dx_l\rangle \partial_l\{-g^{i,j}[(\partial_i \sigma_j) + (\partial_i a_j) + \sigma_i\sigma_j + \sigma_i a_j + a_i\sigma_j + a_i a_j - \Gamma_{i,j}^k \sigma_k -$$

$$\Gamma_{i,j}^k a_k]+\sum_{i,j}g^{i,j}\left[c(\theta')c(\partial_i)\sigma_i+c(\theta')\times c(\partial_i)a_i-c(\partial_i)\times\right.$$

$$\partial_i(c(\theta'))-c(\partial_i)\sigma_i c(\theta')-c(\partial_i)a_i c(\theta')]+\frac{1}{4}s+|\theta'|^2+|\theta|^2-$$

$$\frac{1}{8}\sum_{ijkl}R_{ijkl}\bar{c}(\widetilde{e}_i)\bar{c}(\widetilde{e}_j)c(\widetilde{e}_k)c(\widetilde{e}_l)+\sum_i c(\widetilde{e}_i)\bar{c}(\nabla_{\widetilde{e}_i}^{TM}\theta)-c(\theta')\bar{c}(\theta)+$$

$$\bar{c}(\theta)c(\theta')\}+[(\sigma_i+a_i)+(\bar{c}(\theta)-c(\theta'))](-g^{i,j}\partial_i\partial_j)+\sum_{i=1}^n c(\widetilde{e}_i)\times$$

$$\langle\widetilde{e}_i,dx_l\rangle\{2\sum_{j,k}[c(\theta')c(\widetilde{e}_j)-c(\widetilde{e}_j)c(\theta')]\}\langle\widetilde{e}_i,dx_k\rangle\}\partial_l\partial_k+$$

$$[(\sigma_i+a_i)+(\bar{c}(\theta)-c(\theta'))]\{-\sum_{i,j}g^{i,j}[2\sigma_i\partial_j+2a_i\partial_j-\Gamma_{i,j}^k\partial_k+$$

$$(\partial_i\sigma_j)+(\partial_i a_j)+\sigma_i\times\sigma_j+\sigma_i a_j+a_i\sigma_j+a_i a_j-\Gamma_{i,j}^k\sigma_k-\Gamma_{i,j}^k a_k]-$$

$$\sum_{i,j}g^{i,j}[c(\partial_i)c(\theta')-c(\theta')\times c(\partial_i)]\partial_j+\sum_{i,j}g^{i,j}[c(\theta')c(\partial_i)\sigma_i+$$

$$c(\theta')c(\partial_i)\times a_i-c(\partial_i)\partial_i(c(\theta'))-c(\partial_i)\sigma_i c(\theta')-c(\partial_i)a_i c(\theta')]+$$

$$\frac{1}{4}s-c(\theta')\bar{c}(\theta)+\bar{c}(\theta)c(\theta')+|\theta'|^2+|\theta|^2-\frac{1}{8}\sum_{ijkl}R_{ijkl}\bar{c}(\widetilde{e}_i)\bar{c}(\widetilde{e}_j)\times$$

$$c(\widetilde{e}_k)c(\widetilde{e}_l)+\sum_i c(\widetilde{e}_i)\bar{c}(\nabla_{\widetilde{e}_i}^{TM}\theta)\}$$

从而我们得到如下引理：

引理 5.3 有如下等式成立：

$$\sigma_2(\hat{D}^*\hat{D}\hat{D}^*)=\sum_{i,j,l}c(dx_l)\partial_l(g^{i,j})\xi_i\xi_j+c(\xi)(4\sigma^k+4a^k-2\Gamma^k)\xi_k-2\times$$

$$[c(\xi)c(\theta')c(\xi)+|\xi|^2c(\theta')]+\frac{1}{4}|\xi|^2\sum_{s,t,l}\omega_{s,t}(\widetilde{e}_l)[c(\widetilde{e}_l)\times$$

$$\bar{c}(\widetilde{e}_s)\bar{c}(\widetilde{e}_t)-c(\widetilde{e}_l)c(\widetilde{e}_s)c(\widetilde{e}_t)]+|\xi|^2(\bar{c}(\theta)-c(\theta'))$$

$$\sigma_3(\hat{D}^*\hat{D}\hat{D}^*)=ic(\xi)|\xi|^2$$

记

$$\sigma(\hat{D}^*\hat{D}\hat{D}^*) = p_3 + p_2 + p_1 + p_0 \; ; \; \sigma\left[\left(\hat{D}^*\hat{D}\hat{D}^*\right)^{-1}\right] = \sum_{j=3}^{\infty} q_{-j}$$

根据拟微分算子的符号合成公式，我们得到：

$$1 = \sigma\left((\hat{D}^*\hat{D}\hat{D}^*) \circ (\hat{D}^*\hat{D}\hat{D}^*)^{-1}\right)$$

$$= \sum_{\alpha} \frac{1}{\alpha!} \partial_\xi^\alpha [\sigma(\hat{D}^*\hat{D}\hat{D}^*)] D_x^\alpha \left[\left(\hat{D}^*\hat{D}\hat{D}^*\right)^{-1}\right]$$

$$= (p_3 + p_2 + p_1 + p_0)(q_{-3} + q_{-4} + q_{-5} + \cdots) + \sum_j (\partial_{\xi_i} p_3 + \partial_{\xi_i} p_4 +$$

$$\partial_{\xi_i} p_1 + \partial_{\xi_i} p_0) \times (D_{x_j} q_{-3} + D_{x_j} q_{-4} + D_{x_j} q_{-5} + \cdots)$$

$$= p_3 q_{-3} + (p_3 q_{-4} + p_2 q_{-3} + \sum_j \partial_{\xi_i} p_3 D_{x_j} q_{-3}) + \cdots$$

通过上式，我们得到：

$$q_{-3} = p_3^{-1}, \quad q_{-4} = -p_3^{-1}\left[p_2 p_3^{-1} + \sum_j \partial_{\xi_i} p_3 D_{x_j}(p_3^{-1})\right]$$

通过引理5.3，有如下算子符号：

引理5.4 有如下等式：

$$\sigma_{-3}\left((\hat{D}^*\hat{D}\hat{D}^*)^{-1}\right) = \frac{ic(\xi)}{|\xi|^4}$$

$$\sigma_{-4}\left((\hat{D}^*\hat{D}\hat{D}^*)^{-1}\right) = \frac{c(\xi)\sigma_2(\hat{D}^*\hat{D}\hat{D}^*)c(\xi)}{|\xi|^8} + \frac{ic(\xi)}{|\xi|^8}\left[|\xi|^4 c(dx_n)\partial_{x_n}(c(\xi')) - \right.$$

$$\left. 2h'(0)c(dx_n)c(\xi) + 2\xi_n c(\xi)\partial_{x_n}(c(\xi')) + 4\xi_n h'(0)\right]$$

根据以上表述，因为 $n = 6$，所以 $tr_{\wedge^* T^* M}[\mathrm{id}] = 64$。

因为 Ψ 的定义需满足 $r + l - k - j - |\alpha| - 1 = -6$，$r \leqslant -1$，$l \leqslant -3$，从而有 Ψ 是下列五种情况之和：

情况一：$r = -1$，$l = -3$，$k = j = 0$，$|\alpha| = 1$。

根据 Ψ 的定义，我们得到：

$$\text{情况一} = -\int_{|\xi'| = 1} \int_{-\infty}^{+\infty} \sum_{|\alpha| = 1} tr\left[\partial_{\xi'}^{\alpha} \pi_{\xi_n}^+ \sigma_{-1}(\hat{D}^{-1}) \times \partial_{x'}^{\alpha} \partial_{\xi_n} \sigma_{-3}\left((\hat{D}^* \hat{D} \hat{D}^*)^{-1}\right) \right] \times$$

$$(x_0) d\xi_n \sigma(\xi') dx'$$

根据引理 5.4，对于 $i < n$，

$$\partial_{x_i} \sigma_{-3}\left((\hat{D}^* \hat{D} \hat{D}^*)^{-1}\right)(x_0) = \partial_{x_i}\left(\frac{ic(\xi)}{|\xi|^4} \right)(x_0)$$

$$= \frac{i\partial_{x_i}(c(\xi))(x_0)}{|\xi|^4} - \frac{2ic(\xi)\partial_{x_i}(|\xi|^2)(x_0)}{|\xi|^6}$$

$$= 0$$

所以情况一是退化的。

情况二：$r = -1$，$l = -3$，$k = |\alpha| = 0$，$j = 1$。

根据 Ψ 的定义，我们得到：

$$\text{情况二} = -\frac{1}{2} \int_{|\xi'| = 1} \int_{-\infty}^{+\infty} tr\left[\partial_{x_n} \pi_{\xi_n}^+ \sigma_{-1}(\hat{D}^{-1}) \times \partial_{\xi_n}^2 \sigma_{-3}\left((\hat{D}^* \hat{D} \hat{D}^*)^{-1}\right) \right](x_0) \times$$

$$d\xi_n \sigma(\xi') dx'$$

在上一节中，我们已经计算得出：

$$\pi_{\xi_n}^+ \partial_{x_n} \sigma_{-1}(\hat{D}^{-1})\Big|_{|\xi'| = 1} = \frac{\partial_{x_n}(c(\xi'))(x_0)}{2(\xi_n - i)} + ih'(0)\left[\frac{(i\xi_n + 2)c(\xi') + ic(dx_n)}{4(\xi_n - i)^2} \right]$$

再根据引理 5.4 以及直接的计算，我们得到：

$$\partial_{\xi_n}^2 \sigma_{-3}\left((\hat{D}^* \hat{D} \hat{D}^*)^{-1}\right) = i\left(\frac{(20\xi_n^2 - 4)c(\xi') + 12(\xi_n^3 - \xi_n)c(dx_n)}{|\xi|^8} \right)$$

利用 Clifford 作用和 $trAB = trBA$

$$tr\left[\,c(\xi')c(dx_n)\,\right] = 0$$

$$tr\left[\,c(dx_n)^2\,\right] = -64$$

$$tr\left[\,c(\xi')^2\,\right] = -64$$

$$tr\left[\,\partial_{x_n}c(\xi')c(dx_n)\,\right] = 0$$

$$tr\left[\,\partial_{x_n}c(\xi')c(\xi')\,\right](x_0)\Big|_{|\xi'|=1} = -32h'(0)$$

综合以上结论，我们得到：

$$tr\left[\partial_{x_n}\pi^+_{\xi_n}\sigma_{-1}(\hat{D}^{-1}) \times \partial^2_{\xi_n}\sigma_{-3}\left((\hat{D}^*\hat{D}\hat{D}^*)^{-1}\right)\right](x_0)$$

$$= 64h'(0)\frac{-1 - 3i\xi_n + 5\xi_n^2 + 3\xi_n^3 i}{(\xi_n - i)^6(\xi_n + i)^4}$$

从而求积分，我们便得到：

$$\text{情况二} = -\frac{1}{2}\int_{|\xi'|=1}\int_{-\infty}^{+\infty}h'(0)\frac{-8 - 24i\xi_n + 40\xi_n^2 + 24\xi_n^3 i}{(\xi_n - i)^6(\xi_n + i)^4}d\xi_n\sigma(\xi')dx'$$

$$= -\frac{15}{2}\pi h'(0)\Omega_4 dx'$$

其中 Ω_4 是 S^4 的规范体积。

情况三： $r = -1$，$l = -3$，$j = |\alpha| = 0$，$k = 1$。

根据 Ψ 的定义，我们得到：

$$\text{情况三} = -\frac{1}{2}\int_{|\xi'|=1}\int_{-\infty}^{+\infty}tr\left[\partial_{\xi_n}\pi^+_{\xi_n}\sigma^+_{-1}(\hat{D}^{-1}) \times \right.$$

$$\left. \partial_{\xi_n}\partial_{x_n}\sigma_{-3}\left((\hat{D}^*\hat{D}\hat{D}^*)^{-1}\right)\right](x_0) \times d\xi_n\sigma(\xi')dx'$$

在上节中，我们已经计算有：

$$\partial_{\xi_n}\pi^+_{\xi_n}\sigma_{-1}(\hat{D}^{-1})(x_0)\Big|_{|\xi'|=1} = -\frac{c(\xi') + ic(dx_n)}{2(\xi_n - i)^2}$$

再利用引理5.4和直接计算，我们得到：

$$\partial_{\xi_n}\partial_{x_n}\sigma_{-3}\left(\left(\hat{D}^*\hat{D}\hat{D}^*\right)^{-1}\right)(x_0)\Big|_{|\xi'|=1}$$

$$= -\frac{4i\xi_n\partial_{x_n}\left(c(\xi')\right)(x_0)}{|\xi|^6} + \frac{12h'(0)i\xi_n c(\xi')}{|\xi|^8} - \frac{(2-10\xi_n^{~2})h'(0)c(dx_n)}{|\xi|^8}$$

综合以上两个式子代入到情况三表达式中，我们有：

$$tr\left[\partial_{\xi_n}\pi_{\xi_n}^+\sigma_{-1}(\hat{D}^{-1})\times\partial_{\xi_n}\partial_{x_n}\sigma_{-3}\left(\left(\hat{D}^*\hat{D}\hat{D}^*\right)^{-1}\right)\right](x_0)$$

$$= \frac{8h'(0)(8i-32\xi_n-8i\xi_n^{~2})}{(\xi_n-i)^5(\xi_n+i)^4}$$

从而

$$情况三 = -\frac{1}{2}\int_{|\xi'|=1}\int_{-\infty}^{+\infty}\frac{8h'(0)(8i-32\xi_n-8i\xi_n^{~2})}{(\xi_n-i)^5(\xi_n+i)^4}(x_0)d\xi_n\sigma(\xi')dx'$$

$$= \frac{25}{2}\pi h'(0)\Omega_4 dx'$$

情况四：$r=-1$，$l=-4$，$k=j=|\alpha|=0$。

根据 Ψ 的定义，我们得到：

$$情况四 = -i\int_{|\xi'|=1}\int_{-\infty}^{+\infty}tr\left[\pi_{\xi_n}^+\sigma_{-1}(\hat{D}^{-1})\times\partial_{\xi_n}\sigma_{-4}\left(\left(\hat{D}^*\hat{D}\hat{D}^*\right)^{-1}\right)\right](x_0)d\xi_n\times$$

$$\sigma(\xi')dx'$$

$$= i\int_{|\xi'|=1}\int_{-\infty}^{+\infty}tr\left[\partial_{\xi_n}\pi_{\xi_n}^+\sigma_{-1}(\hat{D}^{-1})\times\sigma_{-4}\left(\left(\hat{D}^*\hat{D}\hat{D}^*\right)^{-1}\right)\right](x_0)d\xi_n\times$$

$$\sigma(\xi')dx'$$

在法坐标系下，若 $j<n$，则 $g^{ij}(x_0)=\delta_i^j$，$\partial_{x_j}(g^{\alpha\beta})(x_0)=0$；若 $j=n$，则 $\partial_{x_j}(g^{\alpha\beta})(x_0)=h'(0)\delta_\alpha^\beta$。若 $k<n$，有 $\Gamma^k(x_0)=0$，$\Gamma^n(x_0)=\frac{5}{2}h'(0)$。

利用 δ^k 的定义，对于 $k < n$，进一步得出 $\delta^k = \frac{1}{4} h'(0) c(\widetilde{e_k}) c(\widetilde{e_n})$ 以

及 $\delta^n(x_0) = 0$。根据引理 5.4，我们得到：

$$\sigma_{-4}\left((\hat{D}^* \hat{D} \hat{D}^*)^{-1}\right)(x_0)\Big|_{|\xi'|=1} = \frac{c(\xi)\,\sigma_2\left((\hat{D}^*\hat{D}\hat{D}^*)^{-1}\right)(x_0)\Big|_{|\xi'|=1} \quad c(\xi)}{|\xi|^8} -$$

$$\frac{c(\xi)}{|\xi|^4} \sum_j \partial_{\xi_j}\left(c(\xi)|\xi|^2\right) D_{x_j}\left(\frac{ic(\xi)}{|\xi|^4}\right)$$

$$= \frac{1}{|\xi|^8} c(\xi)\Big(\frac{1}{2} h'(0) c(\xi) \sum_{k<n} \xi_k c(\tilde{e}_k) c(\tilde{e}_n) -$$

$$\frac{1}{2} h'(0) c(\xi) \sum_{k<n} \xi_k \bar{c}(\tilde{e}_k) \bar{c}(\tilde{e}_n) -$$

$$\frac{5}{2} h'(0) \xi_n c(\xi) - \frac{1}{4} h'(0) |\xi|^2 c(dx_n) -$$

$$2\left[c(\xi)c(\theta')c(\xi) + |\xi|^2 c(\theta')\right] + |\xi|^2\left(\bar{c}(\theta) -\right.$$

$$c(\theta'))c(\xi) + \frac{ic(\xi)}{|\xi|^8}\left(|\xi|^4 c(dx_n)\partial_{x_n}\left(c(\xi')\right) -\right.$$

$$2h'(0)c(dx_n)\times c(\xi) + 2\xi_n c(\xi)\partial_{x_n}\left(c(\xi')\right) +$$

$$4\xi_n h'(0)\Big)$$

利用 $\partial_{\xi_n}\pi_{\xi_n}^+ \sigma_{-1}^+(\hat{D}^{-1})$ 和上式，我们得到：

$$tr\left[\partial_{\xi_n}\pi_{\xi_n}^+ \sigma_{-1}^+(\hat{D}^{-1}) \times \sigma_{-4}\left((\hat{D}^*\hat{D}\hat{D}^*)^{-1}\right)\right](x_0)\Big|_{|\xi'|=1}$$

$$= \frac{1}{2(\xi_n - i)^2(1 + \xi_n^2)^4}\left(\frac{3}{4}i + 2 + (3 + 4i)\xi_n + (2i - 6)\xi_n^2 + 3\xi_n^3 + \right.$$

$$\frac{9i}{4}\xi_n^4\Big) h'(0) \quad \times tr[id] + \frac{1}{2(\xi_n - i)^2(1 + \xi_n^2)^4}(-1 - 3i\xi_n - 2\xi_n^2 -$$

$$4i\xi_n^3 - \xi_n^4 - i\xi_n^5) tr[c(\xi')] \quad \times \partial_{x_n} c(\xi')] - \frac{1}{2(\xi_n - i)^2(1 + \xi_n^2)^4} \times$$

$$(\frac{1}{2}i + \frac{1}{2}\xi_n + \frac{1}{2}\xi_n^2 + \frac{1}{2}\xi_n^3)tr[c(\xi')\overline{c}(\xi') \times c(dx_n)\overline{c}(dx_n)] +$$

$$\frac{3 - \xi_n i}{2(\xi_n - i)^4(i + \xi_n)^3}tr[c(\theta')c(dx_n)] - \frac{3\xi_n + i}{2(\xi_n - i)^4(i + \xi_n)^3} \times$$

$$tr[c(\theta')c(\xi')]$$

通过直接计算和 Clifford 作用以及 $trAB = trBA$，那么我们有如下等式：

$$tr[c(\theta')(x_0)c(dx_n)] = -64g(\theta', c(dx_n))$$

$$tr[c(\theta')(x_0)c(\xi')] = -64g(\theta', \xi')$$

$$tr[c(\widetilde{e_i})\overline{c}(\widetilde{e_i})c(\widetilde{e_n})\overline{c}(\widetilde{e_n})] = 0 \, (i < n)$$

因而，有如下结论：

$$tr[c(\xi')\overline{c}(\xi')c(dx_n)\overline{c}(dx_n)] = \sum_{i<n, \, j<n} tr[\xi_i\xi_j c(\widetilde{e_i})\overline{c}(\widetilde{e_j})c(dx_n)\overline{c}(dx_n)]$$

$$= 0$$

所以我们有：

$$情况四 = i\int_{|\xi'|=1}\int_{-\infty}^{+\infty}tr\left[\partial_{\xi_n}\pi_{\xi_n}^+\sigma_{-1}^+(\hat{D}^{-1}) \times \sigma_{-4}\left((\hat{D}^*\hat{D}\hat{D}^*)^{-1}\right)\right](x_0)d\xi_n \times$$

$$\sigma(\xi')dx'$$

$$= -\frac{41i + 195}{8}i\pi h'(0)\Omega_4 dx' + 120i\pi g(dx_n, \theta')\Omega_4 dx'$$

情况五：$r = -2$，$l = -3$，$k = j = |\alpha| = 0$。

根据 Ψ 的定义，我们得到：

$$情况五 = -i\int_{|\xi'|=1}\int_{-\infty}^{+\infty}tr\left[\pi_{\xi_n}^+\sigma_{-2}(\hat{D}^{-1}) \times \partial_{\xi_n}\sigma_{-3}\left((\hat{D}^*\hat{D}\hat{D}^*)^{-1}\right)\right](x_0)d\xi_n \times$$

$$\sigma(\xi')dx'$$

利用引理5.4，我们得到：

$$\partial_{\xi_n} \sigma_{-3}\left((\hat{D}^*\hat{D}\hat{D}^*)^{-1}\right) = \frac{-4i\xi_n c(\xi')}{(1+\xi_n{}^2)^3} + \frac{i(1-3\xi_n{}^2)c(dx_n)}{(1+\xi_n{}^2)^3}$$

利用第5.3节中情况四对 $\pi_{\xi_n}^+ \sigma_{-2}(\hat{D}^{-1})$ 的讨论，同理得出：

$$\text{情况五} = \frac{55}{2}\pi h'(0)\Omega_4 dx'$$

根据 Ψ 是情况一至五之和，则：

$$\Psi = \left(\frac{65-41i}{8}\right)\pi h'(0)\Omega_4 dx' + 120ig(dx_n, \theta')\Omega_4 dx'$$

引理5.5　设 M 是6维带有边界 ∂M 可定向的紧致流形且 g^M 是 M 上的度量，$\hat{D}^*$ 和 $\hat{D}$ 是 $\hat{M}$ 上的修改的 Novikov 算子，则：

$$\widetilde{Wres}\,[\,\pi^+\hat{D}^{-1} \circ \pi^+\left(\hat{D}^*\hat{D}^{-1}\hat{D}^*\right)^{-1}\,]$$

$$= 128\pi^3\int_M [\,64g(\widetilde{e}_j, \nabla^{TM}_{\widetilde{e}_j}\theta') - \frac{16}{3}s - 16|\theta|^2 + 256|\theta'|^2\,]\,dVol_M +$$

$$\int_{\partial M}\left[\left(\frac{65-41i}{8}\right)\pi h'(0) + 120ig(dx_n, \theta')\right]\Omega_4 dx'$$

其中 s 是数量曲率。

同理可证与 $\hat{D}^3$ 相关的6维带边流形的 Kastler–Kalau–Walze 类型定理，即有如下结论：

引理5.6　设 M 是6维带有边界 ∂M 可定向的紧致流形且 g^M 是 M 上的度量，$\hat{D}$ 是 $\hat{M}$ 上的修改的 Novikov 算子，则：

$$\widetilde{Wres}\,[\,\pi^+\hat{D}^{-1} \circ \pi^+\hat{D}^{-3}\,]$$

$$= 128\pi^3\int_M [-\frac{16}{3}s - 64|\theta|^2]\,dVol_M + \int_{\partial M}\left[\left(\frac{65-41i}{8}\right)\pi h'(0)\right]\Omega_4 dx'$$

5.5 Witten形变的谱作用

在这一节中，主要研究 Witten 形变的谱作用。设 (M, g^M) 是 n 维可定向的紧致黎曼流形。首先，我们来回顾一下 Witten 形变 D_θ 的定义。

设 g^M 是 M 的黎曼度量，∇^L 是关于 g^M 的 Levi-Civita 联络。在局部坐标 $\{x_i; \ 1 \leqslant i \leqslant n\}$ 和固定正交标架 $\{\tilde{e}_1, \cdots, \tilde{e}_n\}$ 下，联络矩阵 $(\omega_{s,t})$ 被定义成如下形式：

$$\nabla^L(\widetilde{e_1}, \cdots, \widetilde{e_n}) = (\widetilde{e_1}, \cdots, \widetilde{e_n})(\omega_{s,t})$$

设 $\varepsilon(\widetilde{e_j^*})$，$l(\widetilde{e_j^*})$ 分别为外积和内积。Witten 形变被定义成：

$$D_\theta = d + \delta + \bar{c}(\theta)$$

$$= \sum_{i=1}^{n} c(\widetilde{e_i}) \left[\widetilde{e_i} + \frac{1}{4} \sum_{s,t} \omega_{s,t}(\widetilde{e_i}) [\bar{c}(\widetilde{e_s}) \bar{c}(\widetilde{e_t}) - c(\widetilde{e_s}) c(\widetilde{e_t})] \right] + \bar{c}(\theta)$$

其中 d，δ，$\theta \in \Gamma(TM)$。因此，我们有：

$$D_\theta^2 = (d + \delta)^2 + \sum_i c(\widetilde{e_i}) \bar{c}(\nabla^{TM}_{\tilde{e}_i}\theta) + |\theta|^2$$

对于 M 上的光滑向量场 X，设 $c(X)$ 为 Clifford 作用。因为 E 在 M 上是整体定义的，所以我们可以在法坐标系下对 E 进行计算。取在 x_0 处的法坐标，那么就有 $\sigma^i(x_0) = 0$，$a^i(x_0) = 0$，$\partial^j[c(\partial_j)](x_0) = 0$，$\Gamma^k(x_0) = 0$，$g^{ij}(x_0) = \delta_i^j$，从而使得：

$$E(x_0) = \frac{1}{8} \sum_{ijkl} R_{ijkl} \bar{c}(\widetilde{e_i}) \bar{c}(\widetilde{e_j}) c(\widetilde{e_k}) c(\widetilde{e_l}) - \frac{1}{4} s - \sum_i c(\widetilde{e_i}) \bar{c}(\nabla^{TM}_{\tilde{e}_i}\theta) - |\theta|^2$$

接下来，我们去计算关于 Witten 形变 D_θ 的在 4 维紧致流形上的谱作用。我们将计算 Witten 形变 D_θ 的谱作用的玻色子部分。实质上，它是区间 $[-\wedge, \wedge]$ 上 D_θ 的特征值的数量，其中 $\wedge \in \mathbb{R}^+$，其次，它的表达式为 $I = tr(\frac{D_\theta{}^2}{\wedge^2})$，其中，$tr$ 定义为 $\Gamma(M, S(TM))$ 的 L^2 完备化的算子的迹，$\hat{F}: \mathbb{R}^+ \to \mathbb{R}^+$ 是区间 $[0, 1]$ 上的截断支撑函数且在原点附近是常量。当 $t \to 0$，有热核迹的渐近展开式为：

$$tr(e^{-tD_\theta{}^2}) \sim \sum_{m \geq 0} t^{m-\frac{n}{2}} a_{2m}(D_\theta{}^2)$$

当 $\dim M = 4$ 时，利用 Seely-DeWitt 系数 $a_{2m}(D_\theta{}^2)$ 以及 $t = \wedge^{-2}$，进一步获得谱作用的渐近表示：

$$I = tr(\frac{D_\theta{}^2}{\wedge^2}) \sim \wedge^4 F_4 a_0(D_\theta{}^2) + \wedge^2 F_2 a_2(D_\theta{}^2) + \wedge^0 F_0 a_4(D_\theta{}^2)$$

其中，$\wedge \to \infty$ 且截断函数的前三个元素是：

$$F_4 = \int_0^\infty s\hat{F}(s)ds, \quad F_2 = \int_0^\infty \hat{F}(s)ds, \quad F_0 = \hat{F}(0)$$

因此，我们得到了热核渐近展开式的前三个系数分别是：

$$a_0(D_\theta{}^2) = (4\pi)^{-2} \int_M tr(id)\, dvol$$

$$a_2(D_\theta{}^2) = (4\pi)^{-2} \int_M tr\left(\frac{1}{6}s + E\right) dvol$$

$$a_4(D_\theta{}^2) = \frac{(4\pi)^{-2}}{360} \int_M tr(-12R_{ijij,\,kk} + 5R_{ijij}R_{klkl} - 2R_{ijik}R_{ljlk} + 2R_{ijkl}R_{ijkl}$$

$$+ 60R_{ijij}E + 180E^2 + 60E_{,\,kk} + 30\Omega_{ij}\Omega_{ij})dvol$$

利用 Clifford 作用以及迹的交换性，得到：

$$tr[c(e_i)] = 0$$

$$tr[\bar{c}(\widetilde{e}_i)\bar{c}(\widetilde{e}_j)c(\widetilde{e}_k)c(\widetilde{e}_l)] = 0 \ (i \neq j)$$

$$tr[c(e_i)c(e_j)] = 0 \ (i \neq j)$$

$$tr\left[\sum_i c(\widetilde{e}_i)\bar{c}(\nabla_{\widetilde{e}_i}^{TM}\theta)\right] = 0$$

从而我们有：

$$a_0(D_\theta^2) = (4\pi)^{-2}\int_M tr(id)\,dvol = \pi^{-2}\int_M dvol$$

$$a_2(D_\theta^2) = (4\pi)^{-2}\int_M tr\left(\frac{1}{6}s + E\right)dvol = -\int_M \left(\frac{s}{12\pi^2} + \frac{|\theta|^2}{\pi^2}\right)dvol$$

并且，我们还得到：

$$\int_M tr(5R_{ijij}R_{klkl} + 60R_{ijij}E + 180E^2 - 12R_{ijij,\,kk} + 60E_{,\,kk})dvol$$

$$= \int_M tr(5s^2 + 60sE + 180E^2 - tr[12\Delta s] + 60[-\Delta(trE)])dvol$$

$$= \int_M [20s^2 + 2\,880(\sum_i|\nabla_{\widetilde{e}_i}^{TM}\theta|^2 + |\theta|^4) + 180\sum_{ijkl}R_{jkl}^2 + 480s|\theta|^2)]dvol$$

由于 $tr[\Omega_{ij}\Omega_{ij}]$ 是整体定义的，因此我们只在 x_0 的法坐标系以及由 x_0 沿测地线平行移动得到的局部正交标架 $\{\widetilde{e}_1, \cdots, \widetilde{e}_n\}$ 下去计算它。

$$\omega_{s,\,t}(x_0) = 0, \quad \partial^j[c(\widetilde{e}_j)](x_0) = 0, \quad [\widetilde{e}_i, \widetilde{e}_j](x_0) = 0$$

从而，我们得到：

$$\Omega_{ij}(\widetilde{e}_i, \widetilde{e}_j)(x_0) = -\frac{1}{4}\sum_{s,\,t=1}^n R_{ijst}^M[\bar{c}(\widetilde{e}_s)\bar{c}(\widetilde{e}_t) - c(\widetilde{e}_s)c(\widetilde{e}_t)]$$

所以，我们有 $tr[\Omega_{ij}\Omega_{ij}] = -4\sum_{ijst}(R_{ijst}^M)^2$。

命题 5.1　有如下等式成立：

$$a_4(D_\theta{}^2) = \frac{\pi^{-2}}{5\,760} \int_M \left[20s^2 + 2\,880 \left(\sum_i |\nabla^{TM}_{\tilde{e}_i} \theta|^2 + |\theta|^4 \right) - 1\,920 \sum_{ijst} (R^M_{ijst})^2 + \right.$$

$$\left. 180 \sum_{ijkl} R^2_{ijkl} + 480s|\theta|^2 - 32 R_{ijkl} R_{ljlk} + 32 R^2_{ijkl} \right] dvol$$

其中 s 是数量曲率。

6

基于统计de Rham Hodge算子的非交换留数理论

在这一章中，先给出与统计 de Rham Hodge 算子相关的 Lichnerowicz 公式。此外，还给出了与统计 de Rham Hodge 算子相关的带边流形的 Kastler-Kalau-Walze 型定理的证明。

6.1　统计 de Rham Hodge 算子

在这一节中，我们回顾了一些关于统计 de Rham Hodge 算子的定义。

设 M 是 n 维（$n > 3$）定向的带有正定黎曼张量场 g 的黎曼流形，s 是张量场且 ∇^l 是联络。设 ∇^l 是关于 g 的 Levi-Civita 联络且 Vol_M 是通过 g 确定的体积形式。

对于任意的 X，Y，$Z \in T_x M$，$x \in M$，如果 $\hat{\nabla}$ 满足 Codazzi 条件：$(\hat{\nabla}_X g)(Y, Z) = (\hat{\nabla}_Y g)(X, Z)$，我们称 $(g, \hat{\nabla})$ 为统计结构且联络 $\hat{\nabla}$ 是关于 g 的统计联络。此外，定义 $(M, g, \hat{\nabla})$ 为带有统计结构的统计流形。现设 $(M, g, \hat{\nabla})$ 是统计流形，K 是张量场，$K: \Gamma(TM) \times \Gamma(TM) \to \Gamma(TM)$ 且 TM 是 M 的向量场。如果 K 是 $\hat{\nabla}$ 与 ∇^l 之间相差的不同的张量，即有 $\hat{\nabla}_X Y = \nabla^l_X Y + K_X Y$，以 $K(X, Y)$ 去代表 $K_X Y$。设 de Rham 导数 d 是 $C^\infty(M; \wedge^* T^* M)$ 上的椭圆微分算子，那么我们有 de Rham 伴随导数 $\delta = d^*$，从而得到对称算子 $D = d + \delta$。标准的 Hodge 拉普拉斯算子定义如下：

$\Delta = \delta d + d\delta.$

对于统计流形 $(M, g, \hat{\nabla})$，我们将研究与联络 $\hat{\nabla}$ 相关的（Lichnerowicz）拉普拉斯算子。如果 f 是函数，那么我们设 $\Delta^{\hat{\nabla}} f = -div^{\hat{\nabla}} grad f$。

现设 $E = trace_g K(\cdot, \cdot)$。对于微分形式 v，设：

$$\Delta^{\hat{\nabla}} v = (\delta - l(E)) dv + d(\delta - l(E)) v$$

其中 $l(E)$ 是缩并算子，E 是 M 上的向量场。

通过以上定义，我们得到：

$$\Delta^{\hat{\nabla}} = (\delta - l(E) + d)^2$$

对于 $v \in \Gamma(TM)$，我们定义统计 de Rham Hodge 算子如下：

$$D_v = d + \delta + l(v), \ D_v^* = d + \delta + \varepsilon(v^*)$$

在局部坐标系 $\{x_i; \ 1 \leq i \leq n\}$ 和固定标架 $\{e_1, \cdots, e_n\}$ 下。联络矩阵 $(\omega_{s,t})$ 定义如下形式：

$$\nabla^L(e_1, \cdots, e_n) = (e_1, \cdots, e_n)(\omega_{s,t})$$

设 $\varepsilon(e_j^*)$，$l(e_j^*)$ 分别为外部和内部乘法，$c(e_j)$ 是 Clifford 作用。记：

$$c(e_j) = \varepsilon(e_j^*) - l(e_j^*); \bar{c}(e_j) = \varepsilon(e_j^*) + l(e_j^*)$$

此外，我们假定 ∂_i 是 TM 上的自然局部标架，$(g^{ij})_{1 \leq i, j \leq n}$ 是 M 上的与度量矩阵 $(g_{ij})_{1 \leq i, j \leq n}$ 相关的逆矩阵。定义统计 de Rham Hodge 算子 D_v 和 D_v^* 如下：

$$D_v = d + \delta + l(v)$$

$$= \sum_{i=1}^{n} c(e_i) \left[e_i + \frac{1}{4} \sum_{s,t} \omega_{s,t}(e_i) [\bar{c}(e_s)\bar{c}(e_t) - c(e_s)c(e_t)] \right] + l(v)$$

$$D_v{}^* = d + \delta + \varepsilon(v^*)$$

$$= \sum_{i=1}^{n} c(e_i)\left[e_i + \frac{1}{4}\sum_{s,t} \omega_{s,t}(e_i)[\,\overline{c}(e_s)\overline{c}(e_t) - c(e_s)c(e_t)\,]\right] + \varepsilon(v^*)$$

设 $g^{ij} = g^{ij}(dx_i, dx_j)$，$\xi = \sum_j \xi_j dx_j$ 和 $\nabla^L_{\partial_i}\partial_j = \sum_k \Gamma^k_{ij}\partial_k$。我们定义：

$$\sigma_i = -\frac{1}{4}\sum_{s,t}\omega_{s,t}(e_i)c(e_s)c(e_t); \qquad a_i = \frac{1}{4}\sum_{s,t}\omega_{s,t}(e_i)\overline{c}(e_s)\overline{c}(e_t)$$

$$\xi^i = g^{ij}\xi_i; \qquad \Gamma^k = g^{ij}\Gamma^k_{ij}; \qquad \sigma^j = g^{ij}\sigma_i; \qquad a^j = g^{ij}a_i$$

故统计 de Rham Hodge 算子 D_v 和 $D_v{}^*$ 可以写成如下形式：

$$D_v = \sum_{i=1}^{n} c(\widetilde{e}_i)[\,\widetilde{e}_i + a_i + \sigma_i\,] + l(v)$$

$$D_v{}^* = \sum_{i=1}^{n} c(\widetilde{e}_i)[\,\widetilde{e}_i + a_i + \sigma_i\,] + \varepsilon(v^*)$$

6.2　统计 de Rham Hodge 算子的 Lichnerowicz 公式

我们在这一部分建立一个主要的定理，即关于统计 de Rham Hodge 算子的 Lichneriowicz 公式。

定理 6.1　如下等式成立：

$$D_v{}^2 = -[\,g^{ij}(\nabla_{\partial_i}\nabla_{\partial_j} - \nabla_{\nabla^L_{\partial_i}\partial_j})\,] - \frac{1}{8}\sum_{ijkl}R_{ijkl}\overline{c}(e_i)\overline{c}(e_j)c(e_k)c(e_l) +$$

$$\frac{1}{4}s + \frac{1}{4}\times\sum_i[\,c(e_i)l(v) + l(v)c(e_i)\,]^2 -$$

$$\frac{1}{2}[\,\nabla^{TM}_{e_i}(l(v))c(e_j) - c(e_j)\nabla^{TM}_{e_i}(l(v))\,]$$

$$(D_v^*)^2 = -[g^{ij}(\nabla_{\partial_i}\nabla_{\partial_j} - \nabla_{\nabla^L_{\partial_i}\partial_j})] - \frac{1}{8}\sum_{ijkl}R_{ijkl}\bar{c}(e_i)\bar{c}(e_j)c(e_k)c(e_l) + \frac{1}{4}s +$$

$$\frac{1}{4}\times\sum_i[c(e_i)\varepsilon(v^*) + \varepsilon(v^*)c(e_i)]^2 - \frac{1}{2}[\nabla^{TM}_{e_i}(\varepsilon(v^*))c(e_j) -$$

$$c(e_j)\times\nabla^{TM}_{e_i}(\varepsilon(v^*))]$$

$$D_v^*D_v = -[g^{ij}(\nabla_{\partial_i}\nabla_{\partial_j} - \nabla_{\nabla^L_{\partial_i}\partial_j})] - \frac{1}{8}\sum_{ijkl}R_{ijkl}\bar{c}(e_i)\bar{c}(e_j)c(e_k)c(e_l) + \frac{1}{4}s +$$

$$\frac{1}{4}\sum_i[c(e_i)l(v) + \varepsilon(v^*)c(e_i)]^2 - \frac{1}{2}[\nabla^{TM}_{e_i}(\varepsilon(v^*))c(e_j) - c(e_j)\times$$

$$\nabla^{TM}_{e_i}(l(v))] + \varepsilon(v^*)l(v)$$

其中 s 是数量曲率。

证明： 我们注意到：

$$D_v^2 = (d + \delta)^2 + (d + \delta)l(v) + l(v)(d + \delta) + [l(v)]^2$$

又因为

$$(d + \delta)l(v) + l(v)(d + \delta)$$

$$= \sum_{i,j}g^{i,j}[c(\partial_i)l(v) + l(v)c(\partial_i)]\partial_j + \sum_{i,j}g^{i,j}[l(v)c(\partial_i)\sigma_i + l(v)c(\partial_i)a_i +$$

$$c(\partial_i)\partial_i(l(v)) + c(\partial_i)\sigma_i l(v) + c(\partial_i)a_i l(v)][l(v)]^2$$

$$= 0$$

故我们得出：

$$D_v^2 = -\sum_{i,j}g^{i,j}[\partial_i\partial_j + 2\sigma_i\partial_j + 2a_i\partial_j - \Gamma^k_{i,j}\partial_k + (\partial_i\sigma_j) + (\partial_i a_j) + \sigma_i\sigma_j +$$

$$\sigma_i a_j + a_i\sigma_j + a_i a_j - \Gamma^k_{i,j}\sigma_k - \Gamma^k_{i,j}a_k] + \sum_{i,j}g^{i,j}[c(\partial_i)l(v) +$$

$$l(v)c(\partial_i)]\times\partial_j - \frac{1}{8}\sum_{ijkl}R_{ijkl}\bar{c}(e_i)\bar{c}(e_j)c(e_k)c(e_l) + \frac{1}{4}s +$$

$$\sum_{i,j} g^{i,j} \left[l(v)c(\partial_i)\sigma_i + l(v) \times c(\partial_i)a_i + c(\partial_i)\partial_i(l(v)) + \right.$$

$$\left. c(\partial_i)\sigma_i l(v) + c(\partial_i) \times a_i l(v) \right]$$

类似地，我们得出 $(D_v^*)^2$ 与 $D_v^* D_v$ 的表达式：

$$(D_v^*)^2 = -\sum_{i,j} g^{i,j} \left[\partial_i \partial_j + 2\sigma_i \partial_j + 2a_i \partial_j - \Gamma^k_{i,j}\partial_k + (\partial_i \sigma_j) + (\partial_i a_j) + \sigma_i \times \right.$$

$$\left. \sigma_j + \sigma_i a_j + a_i \sigma_j + a_i a_j - \Gamma^k_{i,j}\sigma_k - \Gamma^k_{i,j}a_k \right] + \sum_{i,j} g^{i,j} \left[c(\partial_i)\varepsilon(v^*) + \right.$$

$$\left. \varepsilon(v^*) \times c(\partial_i) \right]\partial_j - \frac{1}{8}\sum_{ijkl} R_{ijkl}\overline{c}(e_i)\overline{c}(e_j)c(e_k)c(e_l) + \frac{1}{4}s +$$

$$\sum_{i,j} g^{i,j} \left[\varepsilon(v^*)c(\partial_i)\sigma_i + \varepsilon(v^*)c(\partial_i)a_i + c(\partial_i)\partial_i(\varepsilon(v^*)) + \right.$$

$$\left. c(\partial_i)\sigma_i \varepsilon(v^*) + c(\partial_i)a_i \varepsilon(v^*) \right]$$

以及

$$D_v^* D_v = -\sum_{i,j} g^{i,j} \left[\partial_i \partial_j + 2\sigma_i \partial_j + 2a_i \partial_j - \Gamma^k_{i,j}\partial_k + (\partial_i \sigma_j) + (\partial_i a_j) + \sigma_i \times \right.$$

$$\left. \sigma_j + \sigma_i a_j + a_i \sigma_j + a_i a_j - \Gamma^k_{i,j}\sigma_k - \Gamma^k_{i,j}a_k \right] + \sum_{i,j} g^{i,j} \left[c(\partial_i)l(v) + \right.$$

$$\left. \varepsilon(v^*) \times c(\partial_i) \right]\partial_j - \frac{1}{8}\sum_{ijkl} R_{ijkl}\overline{c}(e_i)\overline{c}(e_j)c(e_k)c(e_l) + \frac{1}{4}s +$$

$$\sum_{i,j} g^{i,j} \left[\varepsilon(v^*)c(\partial_i) \times \sigma_i + \varepsilon(v^*)c(\partial_i)a_i + c(\partial_i)\partial_i(l(v)) + \right.$$

$$\left. c(\partial_i)\sigma_i l(v) + c(\partial_i)a_i l(v) \right]$$

根据第4.4节，我们得出结论：

$$(\omega_i)_{D_v^2} = \sigma_i + a_i - \frac{1}{2}\left[c(\partial_i)l(v) + l(v)c(\partial_i) \right]$$

$$E'_{D_c^2} = \sum_{i,j} g^{ij} \left[\partial_i (\sigma_j + a_j) + \sigma_i \sigma_j + \sigma_i a_j + a_i a_j - \Gamma_{ij}^k \sigma_k - \Gamma_{ij}^k a_k + a_i \sigma_j - \right.$$

$$c(\partial_i)\partial_j (l(v)) - c(\partial_i)(\sigma_j + a_j)l(v) - l(v)c(\partial_i)(\sigma_j + a_j) \left] + \frac{1}{8} \times \right.$$

$$\sum_{ijkl} R_{ijkl}\bar{c}(e_i)\bar{c}(e_j)c(e_k)c(e_l) - \frac{1}{4}s - [l(v)]^2 - \sum_{i,j} g^{ij} \{ \partial_j (\sigma_j + a_j) - $$

$$\frac{1}{2}\partial^j [c(\partial_j)l(v) + l(v)c(\partial_j)] + [\sigma_i + a_i - \frac{1}{2}(c(\partial_i)l(v) + $$

$$l(v)c(\partial_i))] \times [\sigma_j + a_j - \frac{1}{2}(c(\partial_j)l(v) + l(v)c(\partial_j))] - [\sigma_k + a_k - $$

$$\frac{1}{2}[c(\partial_k)l(v) + l(v)c(\partial_k)]]\Gamma_{ij}^k \}$$

设 $c(Y)$ 为 Clifford 作用，其中 Y 是 M 上的光滑向量场。因为 E' 在 M 上是整体定义的。利用 x_0 处的法坐标系，我们得出 $\sigma^i(x_0) = 0$，$a^i(x_0) = 0$，$\partial^j[c(\partial_j)](x_0) = 0$，$\Gamma^k(x_0) = 0$，$g^{ij}(x_0) = \delta_i^j$，那么我们得出：

$$E'_{D_c^2} = \frac{1}{8}\sum_{ijkl} R_{ijkl}\bar{c}(e_i)\bar{c}(e_j)c(e_k)c(e_l) - \frac{1}{4}s - \frac{1}{4}\sum_j [c(e_i)l(v) + $$

$$l(v)c(e_i)]^2 + \frac{1}{2}[\nabla_{e_j}^{TM}(l(v))c(e_j) - c(e_j)\nabla_{e_j}^{TM}(l(v))]$$

类似地，我们有：

$$E'_{(D_c^*)^2} = \frac{1}{8}\sum_{ijkl} R_{ijkl}\bar{c}(e_i)\bar{c}(e_j)c(e_k)c(e_l) - \frac{1}{4}s - \frac{1}{4}\sum_j [c(e_i)\varepsilon(v^*) + $$

$$\varepsilon(v^*)c(e_i)]^2 + \frac{1}{2}[\nabla_{e_j}^{TM}(\varepsilon(v^*))c(e_j) - c(e_j)\nabla_{e_j}^{TM}(\varepsilon(v^*))]$$

$$E'_{D_c^* D_c} = \frac{1}{8}\sum_{ijkl} R_{ijkl}\bar{c}(e_i)\bar{c}(e_j)c(e_k)c(e_l) - \frac{1}{4}s - \frac{1}{4}\sum_j [c(e_i)l(v) + $$

$$\varepsilon(v^*)c(e_i)]^2 + \frac{1}{2}[\nabla_{e_j}^{TM}(\varepsilon(v^*))c(e_j) - c(e_j)\nabla_{e_j}^{TM}(l(v))] - \varepsilon(v^*)l(v)$$

证毕。

因为 $D_v{}^2$，$(D_v^*)^2$，$D_v^* D_v$ 是广义的拉普拉斯算子，从而我们得出：

$$Wres(D_v{}^2)^{-\frac{n}{2}+1} = \frac{(n-2)(4\pi)^{\frac{n}{2}}}{\left(\frac{n}{2}-1\right)!} \int_M tr\left(\frac{1}{6}s + E_{D_v{}^2}\right) dVol_M$$

其中 $Wres$ 是非交换留数。

类似地，我们得出：

$$Wres((D_v^*)^2)^{-\frac{n}{2}+1} = \frac{(n-2)(4\pi)^{\frac{n}{2}}}{\left(\frac{n}{2}-1\right)!} \int_M tr\left(\frac{1}{6}s + E_{(D_v^*)^2}\right) dVol_M$$

$$Wres(D_v^* D_v)^{-\frac{n}{2}+1} = \frac{(n-2)(4\pi)^{\frac{n}{2}}}{\left(\frac{n}{2}-1\right)!} \int_M tr\left(\frac{1}{6}s + E_{D_v^* D_v}\right) dVol_M$$

根据定理 6.1 及其证明，我们有：

定理 6.2 对于偶数维为 n 的无边紧致可定向的流形 M，我们得到如下等式：

$$Wres(D_v{}^2)^{-\frac{n}{2}+1} = \frac{(n-2)(4\pi)^{\frac{n}{2}}}{\left(\frac{n}{2}-1\right)!} \int_M 2^n\left(-\frac{1}{12}s - \frac{1}{4}|v|^2\right) dVol_M$$

$$Wres((D_v^*)^2)^{-\frac{n}{2}+1} = \frac{(n-2)(4\pi)^{\frac{n}{2}}}{\left(\frac{n}{2}-1\right)!} \int_M 2^n\left(-\frac{1}{12}s - \frac{1}{4}|v^*|^2\right) dVol_M$$

$$Wres(D_v^* D_v)^{-\frac{n}{2}+1} = \frac{(n-2)(4\pi)^{\frac{n}{2}}}{\left(\frac{n}{2}-1\right)!} \int_M \left[2^n\left(-\frac{1}{12}s - \frac{n-3}{4}|v|^2\right) + \right.$$

$$\frac{1}{2} \left[\nabla_{e_j}^{TM} (\varepsilon(v^*)) c(e_j) - c(e_j) \nabla_{e_j}^{TM} (l(v)) \right] dVol_M$$

其中 s 是数量曲率。

6.3 统计 de Rham Hodge 算子的符号

在这一部分中，我们证明了在 4 维可定向的紧致带边流形上关于统计 de Rham Hodge 算子的 Kastler-Kalau-Walze 型定理。定义 M 是 n 维带有边界为 ∂M 的流形，假定 M 是紧致可定向的。

根据第 4.3 节，我们去计算：

$$\widetilde{Wres} \left[\pi^+ D_v^{-1} \circ \pi^+ D_v^{-1} \right] = \int_M \int_{|\xi|=1} trace_{\wedge^* T^* M} \left[\sigma_{-4} \left(D_v^{-2} \right) \right] \sigma(\xi) dx + \int_{\partial M} \Phi_1$$

其中

$$\Phi_1 = \int_{|\xi'|=1} \int_{-\infty}^{+\infty} \sum_{j,\ k=0}^{\infty} \sum \frac{(-i)^{|\alpha|+j+k+l}}{\alpha!(j+k+l)!} trace_{\wedge^* T^* M} \left[\partial_{x_n}^j \partial_\xi^\alpha \partial_{\xi_n}^k \sigma_r^+ \left(D_v^{-1} \right) \times \right.$$

$$\left. (x',\ 0,\ \xi',\ \xi_n) \times \partial_{x'}^\alpha \partial_{\xi_n}^{j+1} \partial_{x_n}^k \sigma_l \left(D_v^{-1} \right) (x',\ 0,\ \xi',\ \xi_n) \right] d\xi_n \sigma(\xi') dx'$$

且和式满足 $r + l - k - j - |\alpha| = -3$，$r \leqslant -1$，$l \leqslant -1$。

在局部上，我们可以利用定理 6.2 去计算 $\widetilde{Wres} \left[\pi^+ D_v^{-1} \circ \pi^+ D_v^{-1} \right]$ 的内部项，我们得出：

$$\int_M \int_{|\xi|=1} trace_{\wedge^* T^* M} \left[\sigma_{-4} \left(D_v^{-2} \right) \right] \sigma(\xi) dx = 32\pi^2 \int_M \left[-\frac{4}{3} s - 4|v|^2 \right] dVol_M$$

所以我们只需要计算 $\int_{\partial M} \Phi_1$。

首先，给出统计 de Rham Hodge 算子的符号。

引理 6.1 如下等式成立：

$$\sigma_1(D_v) = \sigma_1(D_v^{\ *}) = ic(\xi)$$

$$\sigma_0(D_v) = A(x_0) + B(x_0) + l(v)$$

$$\sigma_0(D_v^{\ *}) = A(x_0) + B(x_0) + \varepsilon(v^*)$$

其中

$$A(x_0) = \frac{1}{4}\sum_{i,\,s,\,t}\omega_{s,\,t}(e_i)(x_0)c(e_i)\bar{c}(e_s)\bar{c}(e_t),$$

$$B(x_0) = -\frac{1}{4}\sum_{i,\,s,\,t}\omega_{s,\,t}(e_i)(x_0)c(e_i)c(e_s)c(e_t)$$

记

$$D_x^\alpha = (-i)^{|\alpha|}\partial_x^\alpha$$

$$\sigma(D_v) = p_1 + p_0$$

$$\sigma(D_v^{\ -1}) = \sum_{j=1}^{\infty}q_{-j}$$

根据拟微分算子的合成公式，我们有：

$$1 = \sigma(D_v \circ D_v^{\ -1})$$

$$= \sum_\alpha \frac{1}{\alpha!}\partial_\xi^\alpha[\sigma(D_v)]D_x^\alpha[\sigma(D_v^{\ -1})]$$

$$= (p_1 + p_0)(q_{-1} + q_{-2} + q_{-3} + \cdots) +$$

$$\sum_j (\partial_{\xi_j}p_1 + \partial_{\xi_j}p_0)(D_{x_j}q_{-1} + D_{x_j}q_{-2} + D_{x_j}q_{-3} + \cdots)$$

$$= p_1 q_{-1} + (p_1 q_{-2} + p_0 q_{-1} + \sum_j \partial_{\xi_j}p_1 D_{x_j}q_{-1}) + \cdots$$

从而得到：

$$q_{-1} = p_1^{\ -1}$$

$$q_{-2} = -p_1^{-1} [p_0 p_1^{-1} + \sum_j \partial_{\xi_j} p_1 D_{x_j} (p_1^{-1})]$$

通过引理6.1，我们得到统计de Rham Hodge算子的另一组符号。

引理6.2 如下等式成立：

$$\sigma_{-1}(D_v^{-1}) = \sigma_{-1}((D_v^*)^{-1}) = \frac{ic(\xi)}{|\xi|^2}$$

$$\sigma_{-2}(D_v^{-1}) = \frac{c(\xi)\sigma_0(D_v)c(\xi)}{|\xi|^4} + \frac{c(\xi)}{|\xi|^6} \sum_j c(dx_j) [\partial_{x_j}(c(\xi))|\xi|^2 -$$

$$c(\xi)\partial_{x_j}(|\xi|^2)]$$

$$\sigma_{-2}((D_v^*)^{-1}) = \frac{c(\xi)\sigma_0(D_v^*)c(\xi)}{|\xi|^4} + \frac{c(\xi)}{|\xi|^6} \sum_j c(dx_j) [\partial_{x_j}(c(\xi))|\xi|^2 -$$

$$c(\xi)\partial_{x_j}(|\xi|^2)]$$

6.4　4维带边流形上的非交换留数

根据以上内容，我们可以根据 Φ_1 的表达式计算 Φ_1。因为 $n = 4$，那么 $tr_{\wedge^*T^*M}[id] = \dim(\wedge^*(4)) = 16$。

又因为 Φ_1 需要满足 $r + l - k - j - |\alpha| = -3$，$r \leq -1$，$l \leq -1$，从而我们有如下五种情况：

情况一：$r = -1$，$l = -1$，$k = j = 0$，$|\alpha| = 1$。

根据 Φ_1 表达式，我们得到如下等式：

$$情况一 = -\int_{|\xi'| = 1} \int_{-\infty}^{+\infty} \sum_{|\alpha| = 1} tr [\partial_{\xi'}^\alpha \pi_{\xi_n}^+ \sigma_{-1}(D_v^{-1}) \times \partial_x^\alpha \partial_{\xi_n} \sigma_{-1}(D_v^{-1})] \times$$

$$(x_0)d\xi_n \sigma(\xi')dx'$$

根据引理6.2，对于 $i < n$，则有：

$$\partial_{x_i}\left(\frac{ic(\xi)}{|\xi|^2}\right)(x_0) = \frac{i\partial_{x_i}\big(c(\xi)\big)(x_0)}{|\xi|^2} - \frac{ic(\xi)\partial_{x_i}\big(|\xi|^2\big)(x_0)}{|\xi|^2} \times$$

$$= 0$$

进一步说明情况一是退化的。

情况二：$r = -1$，$l = -1$，$k = |\alpha| = 0$，$j = 1$。

根据 Φ_1 表达式，得到如下等式：

$$\text{情况二} = -\frac{1}{2}\int_{|\xi'|=1}\int_{-\infty}^{+\infty} tr\Big[\partial_{x_n}\pi_{\xi_n}^+\sigma_{-1}\big(D_v^{-1}\big) \times \partial_{\xi_n}^2\sigma_{-1}\big(D_v^{-1}\big)\Big]$$

$$(x_0)d\xi_n\sigma(\xi')dx'$$

根据引理6.2，我们有：

$$\partial_{\xi_n}^2\sigma_{-1}\big(D_v^{-1}\big)(x_0) = i\left(-\frac{6\xi_n c(dx_n) + 2c(\xi')}{|\xi|^4} + \frac{8\xi_n^2 c(\xi)}{|\xi|^6}\right)$$

$$\partial_{x_n}\sigma_{-1}\big(D_v^{-1}\big)(x_0) = \frac{i\partial_{x_n}\big(c(\xi')\big)(x_0)}{|\xi|^2} - \frac{ic(\xi)|\xi'|^2 h'(0)}{|\xi|^4}$$

借助柯西积分公式，我们进一步得到：

$$\pi_{\xi_n}^+\left[\frac{c(\xi)}{|\xi|^4}\right](x_0)\bigg|_{|\xi'|=1} = -\frac{(i\xi_n + 2)c(\xi') + ic(dx_n)}{4(\xi_n - i)^2}$$

以及

$$\pi_{\xi_n}^+\left[\frac{i\partial_{x_n}\big(c(\xi')\big)}{|\xi|^2}\right](x_0)\bigg|_{|\xi'|=1} = \frac{\partial_{x_n}\big(c(\xi')\big)(x_0)}{2(\xi_n - i)}$$

因此有如下结论：

$$\pi_{\xi_n}^+ \partial_{x_n} \sigma_{-1}\left(D_v^{-1}\right)\Big|_{|\xi'|=1} = \frac{\partial_{x_n}\left(c(\xi')\right)(x_0)}{2(\xi_n - i)} +$$

$$ih'(0)\left[\frac{\left(i\xi_n + 2\right)c(\xi') + ic(dx_n)}{4(\xi_n - i)^2}\right]$$

根据 Clifford 作用和 $trAB = trBA$，我们有如下等式：

$$tr\left[c(\xi')c(dx_n)\right] = 0$$

$$tr\left[c(dx_n)^2\right] = -16$$

$$tr\left[c(\xi')^2\right] = -16$$

$$tr\left[\partial_{x_n}c(\xi')c(dx_n)\right] = 0$$

$$tr\left[\partial_{x_n}c(\xi')c(\xi')\right](x_0)\Big|_{|\xi'|=1} = -8h'(0)$$

$$tr\left[\overline{c}(e_i)\overline{c}(e_j)c(e_k)c(e_l)\right] = 0\,(i \neq j)$$

通过直接计算，我们得到：

$$h'(0)tr\left\{\frac{\left(i\xi_n + 2\right)c(\xi') + ic(dx_n)}{4(\xi_n - i)^2} \times\right.$$

$$\left.\left[\frac{6\xi_n c(dx_n) + 2c(\xi')}{|\xi|^4} + \frac{8\xi_n^2 c(\xi)}{|\xi|^6}\right]\right\}(x_0)\Big|_{|\xi'|=1}$$

$$= -16h'(0)\frac{-2i\xi_n^2 - \xi_n + i}{(\xi_n - i)^4(\xi_n + i)^3}$$

类似地，我们有：

$$-i \cdot tr\left[\frac{\partial_{x_n}\left(c(\xi')\right)(x_0)}{2(\xi_n - i)} \times \left(\frac{6\xi_n c(dx_n) + 2c(\xi')}{|\xi|^4} + \frac{8\xi_n^2 c(\xi)}{|\xi|^6}\right)\right](x_0)\Big|_{|\xi'|=1}$$

$$= -8i \cdot h'(0)\frac{3\xi_n^2 - 1}{(\xi_n - i)^4(\xi_n + i)^3}$$

从而

$$情况二 = -\int_{|\xi'|=1}\int_{-\infty}^{+\infty}\frac{4ih'(0)(\xi_n-i)^2}{(\xi_n-i)^4(\xi_n+i)^3}d\xi_n\sigma(\xi')dx' = -\frac{3}{2}\pi h'(0)\Omega_3 dx'$$

其中 Ω_3 是 S^3 的规范体积。

情况三： $r=-1$， $l=-1$， $j=|\alpha|=0$， $k=1$。

根据 Φ_1 表达式，得到如下等式：

$$情况三 = -\frac{1}{2}\int_{|\xi'|=1}\int_{-\infty}^{+\infty}tr\Big[\partial_{\xi_n}\pi_{\xi_n}^+\sigma_{-1}^+(D_v^{-1})\times\partial_{\xi_n}\partial_{x_n}\sigma_{-1}(D_v^{-1})\Big]\times$$

$$(x_0)d\xi_n\sigma(\xi')dx'$$

通过引理6.2，我们得到：

$$\partial_{\xi_n}\partial_{x_n}\sigma_{-1}\big(D_v^{-1}\big)(x_0)\Big|_{|\xi'|=1} = -ih'(0)\left(\frac{c(dx_n)}{|\xi|^4}-\frac{4\xi_n\big(c(\xi')+\xi_n c(dx_n)\big)}{|\xi|^6}\right)-$$

$$\frac{2\xi_n i\partial_{x_n}\big(c(\xi')\big)(x_0)}{|\xi|^4}$$

以及

$$\partial_{\xi_n}\pi_{\xi_n}^+\sigma_{-1}(D_v^{-1})(x_0)\Big|_{|\xi'|=1} = -\frac{c(\xi')+ic(dx_n)}{2(\xi_n-i)^2}$$

将以上两个等式代入到情况三表达式中，我们得到：

$$tr\left\{\frac{c(\xi')+ic(dx_n)}{2(\xi_n-i)^2}\times ih'(0)\left(\frac{c(dx_n)}{|\xi|^4}-\frac{4\xi_n\big(c(\xi')+\xi_n c(dx_n)\big)}{|\xi|^6}\right)\right\}$$

$$= 8h'(0)\frac{i-3\xi_n}{(\xi_n-i)^4(\xi_n+i)^3}$$

和

$$tr\left\{\frac{c(\xi') + ic(dx_n)}{2(\xi_n - i)^2} \times \frac{2\xi_n i\partial_{x_n}\big(c(\xi')\big)(x_0)}{|\xi|^4}\right\}$$

$$= \frac{-8h'(0)\xi_n}{(\xi_n - i)^4(\xi_n + i)^2}$$

所以我们得到:

$$\text{情况三} = -\int_{|\xi'| = 1}\int_{-\infty}^{+\infty}\frac{4h'(0)(i - 3\xi_n)}{(\xi_n - i)^4(\xi_n + i)^3}d\xi_n\sigma(\xi')dx'$$

$$= \frac{3}{2}\pi h'(0)\Omega_3 d(x')$$

情况四: $r = -2$, $l = -1$, $k = j = |\alpha| = 0$。

根据 Φ_1 表达式, 我们得到如下等式:

$$\text{情况四} = -i\int_{|\xi'| = 1}\int_{-\infty}^{+\infty}tr\left[\pi_{\xi_n}^+\sigma_{-2}^+(D_v^{-1}) \times \partial_{\xi_n}\sigma_{-1}(D_v^{-1})\right](x_0)d\xi_n\sigma(\xi')dx'$$

通过引理6.2, 我们得到:

$$\sigma_{-2}(D_v^{-1})(x_0) = \frac{c(\xi)\sigma_0(D_v)(x_0)c(\xi)}{|\xi|^4} + \frac{c(\xi)}{|\xi|^6}c(dx_n) \times$$

$$\left[\partial_{x_n}\big(c(\xi')\big)(x_0)|\xi|^2 - c(\xi)h'(0)|\xi|_{\partial M}^2\right]$$

再结合柯西积分公式, 便得出:

$$\pi_{\xi_n}^+\sigma_{-2}(D_v^{-1})(x_0)\Big|_{|\xi'| = 1}$$

$$= \pi_{\xi_n}^+\left[\frac{c(\xi)A(x_0)c(\xi)}{|\xi|^4}\right] +$$

$$\pi_{\xi_n}^+\left[\frac{c(\xi)\big(l(v)\big)(x_0)c(\xi)}{|\xi|^4}\right] +$$

$$\pi_{\xi_n}^+\left[\frac{c(\xi)B(x_0)c(\xi) + c(\xi)c(dx_n)\partial_{x_n}\big(c(\xi')\big)(x_0)}{|\xi|^4}\right] -$$

$$h'(0)\frac{c(\xi)c(dx_n)c(\xi)}{|\xi|^6}\ ]$$

为了方便，不妨设上式后两项：

$$\pi_{\xi_n}^+\left[\frac{c(\xi)B(x_0)c(\xi)+c(\xi)c(dx_n)\partial_{x_n}\big(c(\xi')\big)(x_0)}{|\xi|^4}\right]-$$

$$h'(0)\pi_{\xi_n}^+\left[\frac{c(\xi)c(dx_n)c(\xi)}{|\xi|^6}\right]$$

$$:\ =B_1-B_2$$

其中

$$B_1=\frac{-1}{4(\xi_n-i)}\ [(2+i\xi_n)c(\xi')B(x_0)c(\xi')+i\xi_n c(dx_n)B(x_0)c(dx_n)+$$

$$ic(dx_n)B(x_0)c(\xi')+(2+i\xi_n)c(\xi')c(dx_n)\partial_{x_n}c(\xi')-i\partial_{x_n}c(\xi')+$$

$$ic(\xi')B(x_0)c(dx_n)]$$

$$B_2=\frac{h'(0)}{2}\left[\frac{c(dx_n)}{4i(\xi_n-i)}+\frac{c(dx_n)-ic(\xi')}{8(\xi_n-i)^2}+\right.$$

$$\left.\frac{(3\xi_n-7i)\big(ic(\xi')-c(dx_n)\big)}{8(\xi_n-i)^3}\right]$$

另外，通过柯西积分公式，经计算得出：

$$\pi_{\xi_n}^+\left[\frac{c(\xi)A(x_0)c(\xi)}{|\xi|^4}\right]=-\frac{c(\xi')A(x_0)c(\xi')(2+i\xi_n)}{4(\xi_n-i)^2}+$$

$$\frac{ic(\xi')A(x_0)c(dx_n)}{4(\xi_n-i)^2}+\frac{ic(dx_n)A(x_0)c(\xi')}{4(\xi_n-i)^2}+$$

$$\frac{i\xi_n c(dx_n)A(x_0)c(dx_n)}{4(\xi_n-i)^2}$$

因为

$$c(dx_n)A(x_0) = -\frac{1}{4}h'(0)\sum_{i=1}^{n-1}c(e_i)\overline{c}(e_i)c(e_n)\overline{c}(e_n)$$

所以结合 Clifford 作用的关系以及 $trAB = trBA$，我们有如下等式：

$$tr[c(e_i)\overline{c}(e_i)c(e_n)\overline{c}(e_n)] = 0 \, (i < n)$$

$$tr[Ac(dx_n)] = 0$$

$$tr[\overline{c}(\xi')c(dx_n)] = 0$$

又因为

$$\partial_{\xi_n}\sigma_{-1}(D_v^{-1}) = i\left(\frac{c(dx_n)}{1+\xi_n^2} - \frac{2\xi_nc(\xi') + 2\xi_n^2c(dx_n)}{(1+\xi_n^2)^2}\right)$$

我们注意到 $i < n$，有 $\int_{|\xi'|=1}\left\{\xi_{i_1}\cdots\xi_{i_{2d+1}}\right\}\sigma(\xi') = 0$，所以 $tr[c(\xi')A(x_0)]$ 对于计算情况四无贡献。综上，我们有

$$tr\left\{\pi_{\xi_n}^+\left[\frac{c(\xi)A(x_0)c(\xi)}{|\xi|^4}\right] \times \partial_{\xi_n}\sigma_{-1}(D_v^{-1})\right\}$$

$$= \frac{1}{2(1+\xi_n^2)}tr[c(\xi')A(x_0)] + \frac{i}{2(1+\xi_n^2)}tr[c(dx_n)A(x_0)]$$

$$= \frac{1}{2(1+\xi_n^2)}tr[c(\xi')A(x_0)]$$

通过 B_1 表达式与 $\partial_{\xi_n}\sigma_{-1}(D_v^{-1})$ 结果，进一步得到：

$$tr\left\{B_1 \times \partial_{\xi_n}\sigma_{-1}(D_v^{-1})\right\}\Big|_{|\xi'|=1} = \frac{6ih'(0)}{(1+\xi_n^2)^2} + 2h'(0)\frac{\xi_n^2 - i\xi_n - 2}{(\xi_n - i)(1+\xi_n^2)^2}$$

通过 B_2 表达式与 $\partial_{\xi_n}\sigma_{-1}\left(D_v^{-1}\right)$ 结果，我们有结论：

$$tr\left\{B_2 \times \partial_{\xi_n}\sigma_{-1}\left(D_v^{-1}\right)\right\}\Big|_{|\xi'|=1} = 8ih'(0)\frac{-i\xi_n^2 - \xi_n + 4i}{4(\xi_n - i)^3(\xi_n + i)^2}$$

结合以上两个等式，得到：

$$-i\int_{|\xi'|=1}\int_{-\infty}^{+\infty}tr\left[\left(B_1 - B_2\right) \times \partial_{x'}^\alpha\partial_{\xi_n}\sigma_{-1}\left(D_v^{-1}\right)\right](x_0)d\xi_n\sigma(\xi')dx'$$

$$= \frac{9}{2}\pi h'(0)\Omega_3 dx'$$

类似地，我们有：

$$tr\left\{\pi_{\xi_n}^+\left[\frac{c(\xi)l(v)(x_0)c(\xi)}{|\xi|^4}\right] \times \partial_{\xi_n}\sigma_{-1}\left(D_v^{-1}\right)(x_0)\right\}\Big|_{|\xi'|=1}$$

$$= \frac{1}{2(1 + \xi_n^2)}tr\left[c(\xi')l(v)(x_0)\right]$$

利用 Clifford 作用关系和 $trAB = trBA$，我们得出如下等式：

$$tr\left[c(dx_n)l(v)\right] = 8\langle v,\ dx_n\rangle$$

$$tr\left[c(\xi')l(v)\right] = 8\langle v,\ \xi'\rangle$$

因此我们得出：

$$-i\int_{|\xi'|=1}\int_{-\infty}^{+\infty}tr\left[\left(\frac{c(\xi)\left(l(v)\right)c(\xi)}{|\xi|^4}\right) \times \partial_{x'}^\alpha\partial_{\xi_n}\sigma_{-1}\left(D_v^{-1}\right)\right](x_0)d\xi_n\sigma(\xi')dx'$$

$$= 2\pi\langle v,\ dx_n\rangle\Omega_3 dx'$$

综上所述，我们有：

$$情况四 = \frac{9}{2}\pi h'(0)\Omega_3 dx' + 2\pi\langle v,\ dx_n\rangle\Omega_3 dx'$$

$$情况五：r = -1,\ l = -2,\ k = j = |\alpha| = 0。$$

根据 Φ_1 表达式，我们得到如下等式：

情况五 $= -i \displaystyle\int_{|\xi'|=1} \int_{-\infty}^{+\infty} tr\left[\pi_{\xi_n}^+ \sigma_{-1}\left(D_v^{-1}\right) \times \partial_{\xi_n} \sigma_{-2}\left(D_v^{-1}\right)\right](x_0) d\xi_n \sigma(\xi') dx'$

通过柯西积分公式以及引理6.2，我们得到：

$$\pi_{\xi_n}^+ \sigma_{-1}\left(D_v^{-1}\right)\Big|_{|\xi'|=1} = \frac{c(\xi') + ic(dx_n)}{2(\xi_n - i)}$$

又因为

$$\partial_{\xi_n} \sigma_{-2}\left(D_v^{-1}\right)(x_0)\Big|_{|\xi'|=1}$$

$$= \partial_{\xi_n}\left[\frac{c(\xi)A(x_0)c(\xi)}{|\xi|^4}\right] +$$

$$\partial_{\xi_n}\left[\frac{c(\xi)}{|\xi|^6} c(dx_n)\left[\partial_{x_n}\left(c(\xi')\right)(x_0)|\xi|^2 - c(\xi)h'(0)\right]\right] +$$

$$\partial_{\xi_n}\left[\frac{c(\xi)B(x_0)c(\xi)}{|\xi|^4}\right] + \partial_{\xi_n}\left[\frac{c(\xi)\left(l(v)\right)(x_0)c(\xi)}{|\xi|^4}\right]$$

其中

$$\partial_{\xi_n}\left[\frac{c(\xi)A(x_0)c(\xi)}{|\xi|^4}\right] = \frac{c(dx_n)A(x_0)c(\xi)}{|\xi|^4} + \frac{c(\xi)A(x_0)c(dx_n)}{|\xi|^4} -$$

$$\frac{4\xi_n c(\xi)A(x_0)c(\xi)}{|\xi|^6}$$

以及

$$\partial_{\xi_n}\left[\frac{c(\xi)\left(l(v)\right)c(\xi)}{|\xi|^4}\right] = \frac{c(dx_n)\left(l(v)\right)c(\xi)}{|\xi|^4} + \frac{c(\xi)\left(l(v)\right)c(dx_n)}{|\xi|^4} -$$

$$\frac{4\xi_n c(\xi)\left(l(v)\right)c(\xi)}{|\xi|^6}$$

为了方便，再记 $\partial_{\xi_n}\sigma_{-2}(D_v^{-1})(x_0)\big|_{|\xi'|=1}$ 中间两项：

$$q_{-2}^1 = \frac{c(\xi)B(x_0)c(\xi)}{|\xi|^4} + \frac{c(\xi)}{|\xi|^6}c(dx_n)\big[\partial_{x_n}\big(c(\xi')\big)(x_0)|\xi|^2 - c(\xi)h'(0)\big]$$

那么

$$\partial_{\xi_n}q_{-2}^1 = \frac{1}{(1+\xi_n^2)^3}\big[(2\xi_n - 2\xi_n^3)c(dx_n)B(x_0)c(dx_n) + (1 - 3\xi_n^2)\times$$

$$c(dx_n)B(x_0)c(\xi') + (1 - 3\xi_n^2)c(\xi')B(x_0)c(dx_n) - 4\xi_n c(\xi')\times$$

$$B(x_0)c(\xi') + (3\xi_n^2 - 1)\partial_{x_n}c(\xi') - 4\xi_n c(\xi')c(dx_n)\partial_{x_n}c(\xi') +$$

$$2h'(0)c(\xi') + 2h'(0)\xi_n c(dx_n)\big] + 6h'(0)\xi_n\frac{c(\xi)c(dx_n)c(\xi)}{(1+\xi_n^2)^4}$$

我们注意到当 $i < n$，$\int_{|\xi'|=1}\{\xi_{i_1}\cdots\xi_{i_{2d+1}}\}\sigma(\xi') = 0$，所以 $tr[c(\xi')A(x_0)]$ 对于计算情况五无贡献。因此，经过直接计算，我们得到：

$$tr\left\{\pi_{\xi_n}^+\sigma_{-1}(\hat{D}^{-1})\times\partial_{\xi_n}\left[\frac{c(\xi)A(x_0)c(\xi)}{|\xi|^4}\right]\right\}(x_0)\bigg|_{|\xi'|=1}$$

$$= \frac{-1}{(\xi_n - i)(\xi_n + i)}tr[c(\xi')A(x_0)] + \frac{i}{(\xi_n - i)(\xi_n + i)}tr[c(dx_n)A(x_0)]$$

$$= \frac{-1}{(\xi_n - i)(\xi_n + i)}tr[c(\xi')A(x_0)]$$

以及

$$tr\left\{\pi_{\xi_n}^+\sigma_{-1}(D_v^{-1})\times\partial_{\xi_n}q_{-2}^1\right\}(x_0)\bigg|_{|\xi'|=1}$$

$$= \frac{12h'(0)(i\xi_n^2 + \xi_n - 2i)}{(\xi_n - i)^3(\xi_n + i)^3} + \frac{48h'(0)i\xi_n}{(\xi_n - i)^3(\xi_n + i)^4}$$

那么便有：

$$-i\Omega_3 \int_{\Gamma_+} \left[\frac{12h'(0)(i\xi_n{}^2 + \xi_n - 2i)}{(\xi_n - i)^3(\xi_n + i)^3} + \frac{48h'(0)i\xi_n}{(\xi_n - i)^3(\xi_n + i)^4} \right] d\xi_n dx'$$

$$= -\frac{9}{2}\pi h'(0)\Omega_3 dx'$$

类似地，我们得到：

$$tr\left\{ \pi_{\xi_n}^+ \sigma_{-1}\left(D_v^{-1}\right) \times \partial_{\xi_n}\left[\frac{c(\xi)\left(l(v)\right)c(\xi)}{|\xi|^4} \right] \right\}(x_0) \Bigg|_{|\xi'|=1}$$

$$= \frac{-1}{(\xi_n - i)(\xi_n + i)^3} tr\left[c(\xi')\left(l(v)\right)(x_0) \right] +$$

$$\frac{i}{(\xi_n - i)(\xi_n + i)^3} tr\left[c(dx_n) \times \left(l(v)\right)(x_0) \right]$$

因为当 $i < n$ 时， $\int_{|\xi'|=1}\left\{ \xi_{i_1}\cdots\xi_{i_{2d+1}} \right\}\sigma(\xi') = 0$ 和 $tr\left[c(\xi')\left(l(v)\right)(x_0) \right]$ 对于

计算情况五无贡献，我们有：

$$-i\int_{|\xi'|=1}\int_{-\infty}^{+\infty} tr\left\{ \pi_{\xi_n}^+ \sigma_{-1}\left(D_v^{-1}\right) \times \partial_{\xi_n}\left[\frac{c(\xi)\left(l(v)\right)c(\xi)}{|\xi|^4} \right] \right\}(x_0)d\xi_n\sigma(\xi')dx'$$

$$= -2\pi\left\langle v,\ dx_n \right\rangle\Omega_3 dx'$$

所以进一步得到：

$$情况五 = -\frac{9}{2}\pi h'(0)\Omega_3 dx' - 2\pi\left\langle v,\ dx_n \right\rangle\Omega_3 dx'$$

因为 Φ_1 是情况一至五之和，所以 $\Phi_1 = 0$。

定理6.3 设 M 是4维带有边界 ∂M 可定向的紧致流形且 g^M 是 M 上的度量，D_v 是 $\hat{M}$ 上的统计 de Rham Hodge 算子，则：

$$\widetilde{Wres}\left[\pi^+ D_v^{-1} \circ \pi^+ D_v^{-1} \right] = 32\pi^2\int_M \left[-\frac{4}{3}s - 4|v|^2 \right] dVol_M$$

其中 s 是数量曲率。

同理可证与 $\left(D_v{}^*\right)^2$，$D_v{}^* D_v$ 相关的 Kastler–Kalau–Walze 型定理。

定理 6.4 设 M 是 4 维带有边界 ∂M 可定向的紧致流形且 g^M 是 M 上的度量，$D_v{}^*$ 是 $\hat{M}$ 上的统计 de Rham Hodge 算子，则：

$$\widetilde{Wres}\left[\pi^+\left(D_v{}^*\right)^{-1} \circ \pi^+\left(D_v{}^*\right)^{-1}\right] = 32\pi^2 \int_M \left[-\frac{4}{3}s - 4|v^*|^2\right] dVol_M$$

其中 s 是数量曲率。

定理 6.5 设 M 是 4 维带有边界 ∂M 可定向的紧致流形且 g^M 是 M 上的度量，D_v 与 $D_v{}^*$ 是 $\hat{M}$ 上的统计 de Rham Hodge 算子，则：

$$\widetilde{Wres}\left[\pi^+ D_v{}^{-1} \circ \pi^+\left(D_v{}^*\right)^{-1}\right]$$

$$= 32\pi^2 \int_M \left[-\frac{4}{3}s + 4|v|^2 + \frac{1}{2}\,\mathrm{tr}\left(\nabla_{e_j}^{TM}\left(\varepsilon\left(v^*\right)\right)c(e_j) - c(e_j)\nabla_{e_j}^{TM}\left(l(v)\right)\right)\right] \times$$

$$dVol_M + \int_{\partial M} 4\pi \left\langle dx_n,\ v \right\rangle \Omega_3 dx'$$

其中 s 是数量曲率。

6.5 6 维带边流形上的非交换留数

在这一部分中，我们证明了关于统计 de Rham Hodge 算子的 6 维带边流形上的 Kastler–Kalau–Walze 型定理。根据第 4.3 节，我们去计算：

$$\widetilde{Wres}\left[\pi^+ D_v{}^{-1} \circ \pi^+\left(D_v{}^* D_v D_v{}^*\right)^{-1}\right]$$

$$= \int_M \int_{|\xi|=1} tr_{\wedge^* T^* M}\left[\sigma_{-4}\left(\left(D_v{}^* D_v\right)^{-2}\right)\right]\sigma(\xi)dx + \int_{\partial M} \Psi_1$$

其中

$$\Psi_1 = \int_{|\xi'|=1} \int_{-\infty}^{+\infty} \sum_{j,\,k=0}^{\infty} \sum \frac{(-i)^{|\alpha|+j+k+l}}{\alpha!(j+k+l)!} tr_{\wedge^*T^*M}$$

$$[\partial_{x_n}^j \partial_{\xi'}^\alpha \partial_{\xi_n}^k \sigma_r^+(D_v^{-1})(x',\,0,\,\xi',\,\xi_n)\partial_{x'}^\alpha \partial_{\xi_n}^{j+1}\partial_{x_n}^k \times$$

$$\sigma_l((D_v^*D_vD_v^*)^{-1})(x',\,0,\,\xi',\,\xi_n)]d\xi_n\sigma(\xi')dx'$$

且和式满足 $r+l-k-j-|\alpha|-1=-6,\ r\leqslant-1,\ l\leqslant-3$。

在局部上，利用定理 6.2 去计算 $\widetilde{Wres}\,[\,\pi^+ D_v^{-1} \circ \pi^+(D_v^*D_vD_v^*)^{-1}]$的内部项，我们有：

$$\int_M \int_{|\xi|=1} trace_{\wedge^*T^*M}\Big[\sigma_{-4}((D_v^*D_v)^{-2})\Big]\sigma(\xi)dx$$

$$= 128\pi^3 \int_M [-\frac{16}{3}s + 48|v|^2 \frac{1}{2} \text{tr}\,[\nabla_{e_j}^{TM}(\varepsilon(v^*))c(e_j) -$$

$$c(e_j)\nabla_{e_j}^{TM}(l(v))]\,dVol_M$$

所以只需要去计算 $\int_{\partial M}\Psi_1$。首先，给出 $D_v^*D_vD_v^*$ 的表达式：

$$D_v^*D_vD_v^* = \sum_{i=1}^n c(e_i)\langle e_i,\,dx_l\rangle(g^{i,j}\partial_i\partial_j) + \sum_{i=1}^n c(e_i)\langle e_i,\,dx_l\rangle[-(\partial_l g^{i,j})\times$$

$$\partial_i\times\partial_j - g^{i,j}\big(4(\sigma_i+a_i)\partial_j - 2\Gamma_{i,j}^k\partial_k\big)\partial_l] + \sum_{i=1}^n c(e_i)\langle e_i,\,dx_l\rangle\times$$

$$\{-2\times(\partial_l g^{i,j})(\sigma_i+a_i)\partial_j + g^{i,j}(\partial_l\Gamma_{i,j}^k)\partial_k - 2g^{i,j}[(\partial_l\sigma_i) +$$

$$(\partial_l a_i)]\partial_j + (\partial_l g^{i,j})\Gamma_{i,j}^k\partial_k + \sum_{j,\,k}[\partial_l(l(v)c(e_j) + c(e_j)\varepsilon(v^*))]\}\times$$

$$\langle e_j,\,dx^k\rangle\partial_k + \sum_{j,\,k}(l(v)c(e_j) + c(e_j)\varepsilon(v^*))[\partial_l\langle e_j,\,dx^k\rangle]\partial_k\} +$$

$$[(\sigma_i+a_i) + \varepsilon(v^*)](-g^{i,j}\partial_i\partial_j) + \sum_{i=1}^n c(e_i)\langle e_i,\,dx_l\rangle\{2(l(v)\times$$

$$c(e_j)+c(e_j)\times\varepsilon(v^*))\langle e_j,\ dx^k\rangle\}\partial_l\partial_k+[(\sigma_i+a_i)+\varepsilon(v^*)]\times$$

$$\{-\sum_{i,j}g^{i,j}\,[\,2\sigma_i\partial_j+2a_i\partial_j-\Gamma^k_{i,j}\partial_k+(\partial_i\sigma_j)+(\partial_i a_j)+\sigma_i\sigma_j+$$

$$\sigma_i a_j+a_i\sigma_j+a_i a_j-\Gamma^k_{i,j}\sigma_k-\Gamma^k_{i,j}a_k+\frac{1}{4}s\,]+\sum_{i,j}g^{i,j}\,(l(v)\times$$

$$c(e_j)+c(e_j)\varepsilon(v^*))\partial_j+\sum_{i,j}g^{i,j}\,[\,l(v)c(\partial_i)\sigma_i+l(v)c(\partial_i)a_i-$$

$$c(\partial_i)\partial_i(\varepsilon(v^*))-c(\partial_i)\times\sigma_i\varepsilon(v^*)-c(\partial_i)a_i\varepsilon(v^*)]+l(v)\times$$

$$\varepsilon(v^*)-\frac{1}{8}\sum_{ijkl}R_{ijkl}\bar{c}\,(e_i)\bar{c}\,(e_j)\times c(e_k)c(e_l)\}$$

从而，我们得到：

引理 6.3　有如下等式成立：

$$\sigma_2(D_v{}^*D_vD_v{}^*)=\sum_{i,j,l}c(dx_l)\partial_l(g^{i,j})\xi_i\xi_j+c(\xi)(4\sigma^k+4a^k-2\Gamma^k)\xi_k-$$

$$2\,[\,c(\xi)l(v)c(\xi)+|\xi|^2\varepsilon(v^*)\,]+\frac{1}{4}|\xi|^2\sum_{s,t,l}\omega_{s,t}(e_l)\times$$

$$[\,c(e_l)\bar{c}\,(e_s)\bar{c}\,(e_t)-c(e_l)c(e_s)c(e_t)\,]+|\xi|^2\varepsilon(v^*)$$

$$\sigma_3(D_v{}^*D_vD_v{}^*)=ic(\xi)|\xi|^2$$

记

$$\sigma(D_v{}^*D_vD_v{}^*)=p_3+p_2+p_1+p_0$$

$$\sigma\Big[\big(D_v{}^*D_vD_v{}^*\big)^{-1}\Big]=\sum_{j=3}^{\infty}q_{-j}$$

根据拟微分算子的符号合成公式，我们得到：

$$1 = \sigma\left((D_v{}^*D_vD_v{}^*) \circ (D_v{}^*D_vD_v{}^*)^{-1}\right)$$

$$= \sum_\alpha \frac{1}{\alpha!} \partial_\xi^\alpha [\sigma(D_v{}^*D_vD_v{}^*)] D_x^\alpha \left[(D_v{}^*D_vD_v{}^*)^{-1}\right]$$

$$= (p_3 + p_2 + p_1 + p_0)(q_{-3} + q_{-4} + q_{-5} + \cdots) + \sum_j (\partial_{\xi_i} p_3 + \partial_{\xi_i} p_4 +$$

$$\partial_{\xi_i} p_1 + \partial_{\xi_i} p_0) \times (D_{x_j} q_{-3} + D_{x_j} q_{-4} + D_{x_j} q_{-5} + \cdots)$$

$$= p_3 q_{-3} + (p_3 q_{-4} + p_2 q_{-3} + \sum_j \partial_{\xi_i} p_3 D_{x_j} q_{-3}) + \cdots$$

通过上式，我们得到：

$$q_{-3} = p_3{}^{-1}$$

$$q_{-4} = -p_3{}^{-1}\left[p_2 p_3{}^{-1} + \sum_j \partial_{\xi_i} p_3 D_{x_j}(p_3{}^{-1})\right]$$

通过引理6.3，有如下算子符号：

引理6.4 有如下等式：

$$\sigma_{-3}\left((D_v{}^*D_vD_v{}^*)^{-1}\right) = \frac{ic(\xi)}{|\xi|^4}$$

$$\sigma_{-4}\left((D_v{}^*D_vD_v{}^*)^{-1}\right) = \frac{c(\xi)\sigma_2(D_v{}^*D_vD_v{}^*)c(\xi)}{|\xi|^8} + \frac{ic(\xi)}{|\xi|^8}\left[|\xi|^4 c(dx_n) \times\right.$$

$$\partial_{x_n}(c(\xi')) - 2h'(0)c(dx_n)c(\xi) + 2\xi_n c(\xi)\partial_{x_n} \times$$

$$\left.(c(\xi')) + 4\xi_n h'(0)\right]$$

根据以上表述，现在可以通过 Ψ_1 的定义表达式来计算 Ψ_1。因为 $n = 6$，所以 $tr_{\Lambda^* T^* M}[\mathrm{id}] = 64$。

因为 Ψ_1 的定义需要满足 $r + l - k - j - |\alpha| - 1 = -6$，$r \leqslant -1$，$l \leqslant -3$，从而有 $\int_{\partial M} \Psi_1$ 是下列五种情况之和：

情况一：$r = -1$，$l = -3$，$k = j = 0$，$|\alpha| = 1$。

根据 Ψ_1 的定义，我们得到：

$$\text{情况一} = -\int_{|\xi'| = 1} \int_{-\infty}^{+\infty} \sum_{|\alpha| = 1} tr\Big[\partial_{\xi'}^{\alpha} \pi_{\xi_n}^{+} \sigma_{-1}\left(D_v^{-1}\right) \times \partial_{x'}^{\alpha} \partial_{\xi_n} \times$$

$$\sigma_{-3}\left(\left(D_v^{*} D_v D_v^{*}\right)^{-1}\right)\Big](x_0) \times d\xi_n \sigma(\xi') dx'$$

根据引理 6.4，对于 $i < n$，

$$\partial_{x_i} \sigma_{-3}\left(\left(D_v^{*} D_v D_v^{*}\right)^{-1}\right)(x_0) = \partial_{x_i}\left(\frac{ic(\xi)}{|\xi|^4}\right)(x_0)$$

$$= \frac{i\partial_{x_i}\left(c(\xi)\right)(x_0)}{|\xi|^4} - \frac{2ic(\xi)\partial_{x_i}\left(|\xi|^2\right)(x_0)}{|\xi|^6}$$

$$= 0$$

所以情况一是退化的。

情况二：$r = -1$，$l = -3$，$k = |\alpha| = 0$，$j = 1$。

根据 Ψ_1 的定义，我们得到：

$$\text{情况二} = -\frac{1}{2}\int_{|\xi'| = 1} \int_{-\infty}^{+\infty} tr\Big[\partial_{x_n} \pi_{\xi_n}^{+} \sigma_{-1}\left(D_v^{-1}\right) \times \partial_{\xi_n}^2 \times$$

$$\sigma_{-3}\left(\left(D_v^{*} D_v D_v^{*}\right)^{-1}\right)\Big](x_0) \times d\xi_n \sigma(\xi') dx'$$

根据引理 6.4 以及直接的计算，我们得到：

$$\pi_{\xi_n}^{+} \partial_{x_n} \sigma_{-1}\left(D_v^{-1}\right)\Big|_{|\xi'| = 1} = \frac{\partial_{x_n}\left(c(\xi')\right)(x_0)}{2(\xi_n - i)} +$$

$$ih'(0)\left[\frac{\left(i\xi_n + 2\right)c(\xi') + ic(dx_n)}{4(\xi_n - i)^2}\right]$$

以及

$$\partial_{\xi_n}^2 \sigma_{-3}\left(\left(D_v^{*} D_v D_v^{*}\right)^{-1}\right) = i\left(\frac{(20\xi_n^2 - 4)c(\xi') + 12(\xi_n^3 - \xi_n)c(dx_n)}{|\xi|^8}\right)$$

利用 Clifford 作用和 $trAB = trBA$，

$$tr[\,c(\xi')c(dx_n)\,] = 0$$

$$tr[\,c(dx_n)^2\,] = -64$$
$$tr[\,c(\xi')^2\,] = -64$$
$$tr[\,\partial_{x_n}c(\xi')c(dx_n)\,] = 0$$
$$tr[\,\partial_{x_n}c(\xi')c(\xi')\,](x_0)\Big|_{|\xi'|=1} = -32h'(0)$$

利用上述等式，我们得到：

$$tr\left[\partial_{x_n}\pi_{\xi_n}^+\sigma_{-1}(D_v^{-1}) \times \partial_{\xi_n}^2\sigma_{-3}\left(\left(D_v^{*} D_v D_v^{*}\right)^{-1}\right)\right](x_0)$$

$$= 64h'(0)\frac{-1 - 3i\xi_n + 5\xi_n^2 + 3\xi_n^3 i}{(\xi_n - i)^6(\xi_n + i)^4}$$

再接上述结果代入到情况二中，我们得到：

$$\text{情况二} = -\frac{1}{2}\int_{|\xi'|=1}\int_{-\infty}^{+\infty}h'(0)\frac{-8 - 24i\xi_n + 40\xi_n^2 + 24\xi_n^3 i}{(\xi_n - i)^6(\xi_n + i)^4}d\xi_n\sigma(\xi')dx'$$

$$= -\frac{15}{2}\pi h'(0)\Omega_4 dx'$$

其中 Ω_4 是 S^4 的规范体积。

情况三：$r = -1$，$l = -3$，$j = |\alpha| = 0$，$k = 1$。

根据 Ψ_1 的定义式，我们得到：

$$\text{情况三} = -\frac{1}{2}\int_{|\xi'|=1}\int_{-\infty}^{+\infty}tr\left[\partial_{\xi_n}\pi_{\xi_n}^+\sigma_{-1}(D_v^{-1}) \times \partial_{\xi_n}\partial_{x_n}\sigma_{-3}\left(\left(D_v^{*} D_v D_v^{*}\right)^{-1}\right)\right] \times$$

$$(x_0)d\xi_n\sigma(\xi')dx'$$

利用引理6.4和直接计算，我们得到：

$$\partial_{\xi_n}\partial_{x_n}\sigma_{-3}\big((D_v{}^* D_v D_v{}^*)^{-1}\big)(x_0)\big|_{|\xi'|=1}$$

$$= -\frac{4i\xi_n\partial_{x_n}\big(c(\xi')\big)(x_0)}{|\xi|^6} + \frac{12h'(0)i\xi_n c(\xi')}{|\xi|^8} - \frac{(2-10\xi_n{}^2)h'(0)c(dx_n)}{|\xi|^8}$$

再结合 $\partial_{\xi_n}\pi^+_{\xi_n}\sigma^+_{-1}(D_v{}^{-1})$ 和上式，我们有：

$$tr\Big[\partial_{\xi_n}\pi^+_{\xi_n}\sigma^+_{-1}(D_v{}^{-1})\times\partial_{\xi_n}\partial_{x_n}\sigma_{-3}\big((D_v{}^* D_v D_v{}^*)^{-1}\big)\Big](x_0)$$

$$= \frac{8h'(0)(8i-32\xi_n-8i\xi_n{}^2)}{(\xi_n-i)^5(\xi_n+i)^4}$$

综上两个等式，我们得出：

$$\text{情况三} = -\frac{1}{2}\int_{|\xi'|=1}\int_{-\infty}^{+\infty}\frac{8h'(0)(8i-32\xi_n-8i\xi_n{}^2)}{(\xi_n-i)^5(\xi_n+i)^4}(x_0)d\xi_n\sigma(\xi')dx'$$

$$= \frac{25}{2}\pi h'(0)\Omega_4 dx'$$

情况四：$r=-1$，$l=-4$，$k=j=|\alpha|=0$。

根据 Ψ_1 的定义式，我们得到：

$$\text{情况四} = -i\int_{|\xi'|=1}\int_{-\infty}^{+\infty}tr\Big[\pi^+_{\xi_n}\sigma^+_{-1}(D_v{}^{-1})\times\partial_{\xi_n}\sigma_{-4}\big((D_v{}^* D_v D_v{}^*)^{-1}\big)\Big]\times$$

$$(x_0)d\xi_n\sigma(\xi')dx'$$

$$= i\int_{|\xi'|=1}\int_{-\infty}^{+\infty}tr\Big[\partial_{\xi_n}\pi^+_{\xi_n}\sigma^+_{-1}(D_v{}^{-1})\times\sigma_{-4}\big((D_v{}^* D_v D_v{}^*)^{-1}\big)\Big]\times$$

$$(x_0)d\xi_n\sigma(\xi')dx'$$

在法坐标系下，若 $j<n$，则 $g^{ij}(x_0)=\delta_i^j$ 和 $\partial_{x_j}(g^{\alpha\beta})(x_0)=0$；若 $j=n$，

则 $\partial_{x_j}(g^{\alpha\beta})(x_0)=h'(0)\delta_\alpha^\beta$。若 $k<n$，有 $\Gamma^k(x_0)=0$，$\Gamma^n(x_0)=\frac{5}{2}h'(0)$。

利用δ^k的定义，对于$k < n$，进一步得出$\delta^k = \dfrac{1}{4}h'(0)c(\widetilde{e_k})c(\widetilde{e_n})$以

及$\delta^n(x_0) = 0$。根据引理6.4，我们得到：

$$\sigma_{-4}\left(\left(D_v^{\;*}D_vD_v^{\;*}\right)^{-1}\right)(x_0)\Big|_{|\xi'|=1}$$

$$= \frac{c(\xi)\,\sigma_2\left(\left(D_v^{\;*}D_vD_v^{\;*}\right)^{-1}\right)(x_0)\Big|_{|\xi'|=1}\,c(\xi)}{|\xi|^8} -$$

$$\frac{c(\xi)}{|\xi|^4}\sum_j \partial_{\xi_j}\left(c(\xi)|\xi|^2\right)D_{x_j}\left(\frac{ic(\xi)}{|\xi|^4}\right)$$

$$= \frac{1}{|\xi|^8}c(\xi)\{\frac{1}{2}h'(0)c(\xi)\sum_{k<n}\xi_k c(e_k)c(e_n) -$$

$$\frac{1}{2}h'(0)c(\xi)\sum_{k<n}\xi_k\bar{c}(e_k)\bar{c}(e_n) -$$

$$\frac{5}{2}h'(0)\xi_n c(\xi) - \frac{1}{4}h'(0)|\xi|^2 c(dx_n) -$$

$$2\left[c(\xi)c(\theta')c(\xi) + |\xi|^2 c(\theta')\right] +$$

$$|\xi|^2\left(\bar{c}(\theta) - c(\theta')\right)\}c(\xi) + \frac{ic(\xi)}{|\xi|^8}\left[|\xi|^4 c(dx_n)\partial_{x_n}\left(c(\xi')\right) -\right.$$

$$2h'(0)c(dx_n)\times c(\xi) + 2\xi_n c(\xi)\partial_{x_n}\left(c(\xi')\right) + 4\xi_n h'(0)\left.\right]$$

利用上式，我们得到：

$$tr\left[\partial_{\xi_n}\pi^+_{\xi_n}\sigma^+_{-1}\left(D_v^{-1}\right)\times\sigma_{-4}\left(\left(D_v^{\;*}D_vD_v^{\;*}\right)^{-1}\right)\right](x_0)\Big|_{|\xi'|=1}$$

$$= \frac{1}{2(\xi_n - i)^2(1 + \xi_n^2)^4}\left(\frac{3}{4}i + 2 + (3+4i)\xi_n + (2i-6)\xi_n^2 + 3\xi_n^3 +\right.$$

$$\frac{9i}{4}\xi_n^4)h'(0)\times tr\left[\text{id}\right] + \frac{1}{2(\xi_n - i)^2(1 + \xi_n^2)^4}(-1 - 3i\xi_n - 2\xi_n^2 -$$

$$4i\xi_n^3 - \xi_n^4 - i\xi_n^5)tr\left[c(\xi')\times\partial_{x_n}c(\xi')\right] - \frac{1}{2(\xi_n - i)^2(1 + \xi_n^2)^4}\times$$

$$(\frac{1}{2}i + \frac{1}{2}\xi_n + \frac{1}{2}\xi_n{}^2 + \frac{1}{2}\xi_n{}^3)tr[c(\xi')\bar{c}(\xi') \times c(dx_n)\bar{c}(dx_n)] +$$

$$tr[\partial_{\xi_n}\pi_{\xi_n}^+\sigma_{-1}^+(D_v{}^{-1})\partial_{\xi_n}\left(\frac{3c(\xi)\varepsilon(v^*)c(\xi)}{|\xi|^6} - \frac{2l(v)}{|\xi|^4}\right)](x_0)\Big|_{|\xi'|=1}$$

通过直接计算，我们得到：

$$tr\left[\partial_{\xi_n}\pi_{\xi_n}^+\sigma_{-1}^+(D_v{}^{-1}) \times \partial_{\xi_n}\left(\frac{3c(\xi)\varepsilon(v^*)c(\xi)}{|\xi|^6} - \frac{2l(v)}{|\xi|^4}\right)\right](x_0)\Big|_{|\xi'|=1}$$

$$= \frac{3(4i\xi_n + 2)i}{2(\xi_n + i)^4(i - \xi_n)^3}tr[\varepsilon(v^*)c(\xi')] + \frac{3(4i\xi_n + 2)i}{2(\xi_n + i)^4(i - \xi_n)^3} \times$$

$$tr[\varepsilon(v^*)c(dx_n)] + \frac{4\xi_n}{2(\xi_n - i)^4(i + \xi_n)^3}tr[l(v)c(\xi')] +$$

$$\frac{4\xi_n i}{2(\xi_n - i)^4(i + \xi_n)^3}tr[l(v)c(dx_n)]$$

通过 Clifford 作用以及 $trAB = trBA$，我们有如下等式：

$$tr[c(dx_n)l(v)] = 32\langle dx_n, v\rangle$$

$$tr[c(\xi')l(v)] = 32\langle \xi', v\rangle$$

$$tr[c(dx_n)\varepsilon(v^*)] = -32\left\langle v^*, \frac{\partial}{\partial x_n}\right\rangle$$

$$tr[c(\xi')\varepsilon(v^*)] = -32\langle v^*, g(\xi', \cdot)\rangle$$

$$tr[c(e_i)\bar{c}(e_i)c(e_n)\bar{c}(e_n)] = 0 \ (i<n)$$

那么

$$tr[c(\xi')\bar{c}(\xi')c(dx_n)\bar{c}(dx_n)] = \sum_{i<n, j<n} tr[\xi_i\xi_j c(e_i)\bar{c}(e_i)c(e_n)\bar{c}(e_n)]$$

$$= 0$$

所以我们有：

$$情况四 = i \int_{|\xi'|=1} \int_{-\infty}^{+\infty} tr\left[\partial_{\xi_n} \pi_{\xi_n}^+ \sigma_{-1}^+ (D_v^{-1}) \times \sigma_{-4}\left((D_v^* D_v D_v^*)^{-1}\right)\right](x_0) d\xi_n \times$$

$$\sigma(\xi') dx'$$

$$= -\frac{41i + 195}{8} i\pi h'(0)\Omega_4 dx' + 22\pi \langle dx_n, v \rangle \Omega_4 dx'$$

情况五：$r = -2$，$l = -3$，$k = j = |\alpha| = 0$。

根据 Ψ_1 的定义式，我们得到：

$$情况五 = -i \int_{|\xi'|=1} \int_{-\infty}^{+\infty} tr\left[\pi_{\xi_n}^+ \sigma_{-2}(D_v^{-1}) \times \partial_{\xi_n} \sigma_{-3}\left((D_v^* D_v D_v^*)^{-1}\right)\right] \times$$

$$(x_0) d\xi_n \sigma(\xi') dx'$$

利用引理6.4，我们得到：

$$\partial_{\xi_n} \sigma_{-3}\left((D_v^* D_v D_v^*)^{-1}\right) = \frac{-4i\xi_n c(\xi')}{(1 + \xi_n^2)^3} + \frac{i(1 - 3\xi_n^2) c(dx_n)}{(1 + \xi_n^2)^3}$$

类似于第5.3节中情况四对 $\pi_{\xi_n}^+ \sigma_{-2}(D_v^{-1})$ 的讨论方法，我们得出：

$$情况五 = \frac{55}{2} \pi h'(0)\Omega_4 dx' + (9\pi i - 4\pi)\langle dx_n, v \rangle \Omega_4 dx'$$

根据 Ψ_1 是情况一至五之和，则：

$$\Psi_1 = \left(\frac{65 - 41i}{8}\right)\pi h'(0)\Omega_4 dx' + (18\pi + 9\pi i)\langle dx_n, v \rangle \Omega_4 dx'$$

定理6.6 设 M 是6维带有边界 ∂M 可定向的紧致流形且 g^M 是 M 上的度量，D_v 和 D_v^* 是 $\hat{M}$ 上的统计 de Rham Hodge 算子，则：

$$\widetilde{Wres}\left[\pi^+ D_v^{-1} \circ \pi^+\left(D_v^* D_v D_v^*\right)^{-1}\right]$$

$$= 128\pi^3 \int_M \left[-\frac{16}{3}s + 48|v|^2 \frac{1}{2}\mathrm{tr}\left[\nabla_{e_j}^{TM}(\varepsilon(v^*))c(e_j) - c(e_j) \times\right.\right.$$

$$\left.\left.\nabla_{e_j}^{TM}(l(v))\right]\right]dVol_M + \int_{\partial M}\left[\left(\frac{65-41i}{8}\right)\pi h'(0) + (18\pi + 9\pi i)\times\right.$$

$$\left\langle dx_n,\ v\right\rangle \Omega_4 dx'$$

其中 s 是数量曲率。

7

基于扭化狄拉克算子的非交换留数理论

首先，给出了扭化狄拉克算子的相关定义；其次，在后续部分中，给出 6 维带边流形上的关于扭化狄拉克算子的 Kastler-Kalau-Walze 型定理的证明。

7.1 扭化狄拉克算子

在这一部分中，我们考虑 n 维的带有固定旋结构的可定向黎曼流形 (M, g^M)。首先来回顾一下扭化狄拉克算子的相关概念。设 $S(TM)$ 是旋量丛且 F 是带有非酉联络 $\tilde{\nabla}^F$ 的光滑向量丛。设 S_1，$S_2 \in \Gamma(F)$，g^F 是 F 上的度量。对于任意的 $X \in \Gamma(TM)$，定义对偶联络 $\tilde{\nabla}^{F, *}$ 为：

$$g^F(\tilde{\nabla}^F_X S_1, S_2) + g^F(S_1, \tilde{\nabla}^F_X S_2) = X\left(g^F(S_1, S_2)\right)$$

其次，再定义：

$$\nabla^F = \frac{\tilde{\nabla}^F + \tilde{\nabla}^{F, *}}{2}, \quad \Phi = \frac{\tilde{\nabla}^F - \tilde{\nabla}^{F, *}}{2}$$

则 ∇^F 是度量联络且 Φ 是带有一个 1-形式系数的 F 的自同态。我们考虑张量积向量丛 $S(TM) \otimes F$，通过下面的定义可以成为 Clifford 模：

$$c(a) = c(a) \otimes id_F, \quad a \in TM$$

且带有复合联络：

$$\tilde{\nabla}^{S(TM) \otimes F} = \nabla^{S(TM)} \otimes id_F + id_{S(TM)} \otimes \tilde{\nabla}^F$$

设

$$\nabla^{S(TM) \otimes F} = \nabla^{S(TM)} \otimes id_F + id_{S(TM)} \otimes \nabla^F$$

则旋量联络 $\tilde{\nabla}$ 由 $\nabla^{S(TM) \otimes F}$ 诱导且在局部上的表达式为：

$$\tilde{\nabla}^{S(TM)\otimes F} = \nabla^{S(TM)} \otimes id_F + id_{S(TM)} \otimes \nabla^F + id_{S(TM)} \otimes \Phi$$

设 $\{e_i\}(1 \le i, j \le n)(\{\partial_i\})$ 是 TM 上正交标架（相应地，自然标架）：

$$D_F = \sum_{i,j} g^{ij} c(\partial_i) \nabla^{S(TM)\otimes F}_{\partial_j} = \sum_{j=1}^{n} c(e_j) \nabla^{S(TM)\otimes F}_{e_j}$$

其中

$$\nabla^{S(TM)\otimes F}_{\partial_j} = \partial_j + \sigma_j^s + \sigma_j^F, \quad \sigma_j^s = \frac{1}{4} \sum_{j,k} \left\langle \nabla^{TM}_{\partial_j} e_j, e_k \right\rangle c(e_j) c(e_k)$$

σ_j^F 是 ∇^F 的联络矩阵，因而与联络 $\tilde{\nabla}$ 有关的扭化狄拉克算子 $\tilde{D}_F$ 和 $\tilde{D}_F^*$ 的定义如下：对于 $\psi \otimes \chi \in S(TM) \otimes F$，我们有：

$$\tilde{D}_F(\psi \otimes \chi) = D_F(\psi \otimes \chi) + c(\Phi)(\psi \otimes \chi)$$

$$\tilde{D}_F^*(\psi \otimes \chi) = D_F(\psi \otimes \chi) - c(\Phi^*)(\psi \otimes \chi)$$

其中 $c(\Phi) = \sum_{i=1}^{n} c(e_i) \otimes \Phi(e_i)$，$c(\Phi^*) = \sum_{i=1}^{n} c(e_i) \otimes \Phi^*(e_i)$ 以及 $\Phi^*(e_i)$ 是 $\Phi(e_i)$ 的伴随。

扭化狄拉克算子 $\tilde{D}_F$ 与 $\tilde{D}_F^*$ 可以写成：

$$\tilde{D}_F = \sum_{j=1}^{n} c(e_j) \nabla^{S(TM)\otimes F}_{e_j} + c(\Phi)$$

$$\tilde{D}_F^* = \sum_{j=1}^{n} c(e_j) \nabla^{S(TM)\otimes F}_{e_j} - c(\Phi^*)$$

7.2　扭化狄拉克算子的符号

设 ∇^{TM} 是关于 g^M 的 Levi-Civita 联络，在局部坐标系 $\{x_i; \ 1 \le i \le n\}$ 和固定的正交标架 $\{\widetilde{e_1}, \cdots, \widetilde{e_n}\}$ 下，定义联络矩阵 $(\omega_{s,t})$ 为：

$$\nabla^L(\widetilde{e_1}, \cdots, \widetilde{e_n}) = (\widetilde{e_1}, \cdots, \widetilde{e_n})(\omega_{s,t})$$

设 $c(\widetilde{e_j})$ 是 Clifford 作用，$g^{ij} = g(dx_i, dx_j)$，$\nabla^{TM}_{\partial_i}\partial_j = \sum_k \Gamma^k_{ij}\partial_k$，$\Gamma^k = g^{ij}\Gamma^k_{ij}$ 且余切向量 $\xi = \sum_j \xi_j dx_j$ 和 $\xi^j = g^{ij}\xi_i$，对于任意的固定点 $x_0 \in \partial M$，我们可以选择在 ∂M（非 M 上）的 x_0 的法坐标系 U，通过符号合成公式，可以得到如下引理：

引理7.1 设 $\tilde{D}_F$，$\tilde{D}_F^*$ 是 $S(\Gamma(TM) \otimes F)$ 上的扭化狄拉克算子，则：

$$\sigma_{-1}((\tilde{D}_F^*)^{-1}) = \sigma_{-1}((\tilde{D}_F)^{-1}) = \frac{ic(\xi)}{|\xi|^2}$$

$$\sigma_{-2}((\tilde{D}_F^*)^{-1}) = \frac{c(\xi)\sigma_0(\tilde{D}_F^*)c(\xi)}{|\xi|^4} + \frac{c(\xi)}{|\xi|^6}\sum_j c(dx_j)[\partial_{x_j}(c(\xi))|\xi|^2 -$$

$$c(\xi)\partial_{x_j}(|\xi|^2)]$$

$$\sigma_{-2}((\tilde{D}_F)^{-1}) = \frac{c(\xi)\sigma_0(\tilde{D}_F)c(\xi)}{|\xi|^4} + \frac{c(\xi)}{|\xi|^6}\sum_j c(dx_j)[\partial_{x_j}(c(\xi))|\xi|^2 -$$

$$c(\xi)\partial_{x_j}(|\xi|^2)]$$

其中

$$\sigma_0(\tilde{D}_F^*) = -\frac{1}{4}\sum_{i,s,t}\omega_{s,t}(e_i)c(e_i)c(e_s)c(e_t) + \sum_{i=1}^n c(e_i)(\sigma_j^F - \Phi^*(e_j))$$

$$\sigma_0(\tilde{D}_F) = -\frac{1}{4}\sum_{i,s,t}\omega_{s,t}(e_i)c(e_i)c(e_s)c(e_t) + \sum_{i=1}^n c(e_i)(\sigma_j^F + \Phi(e_j))$$

为了方便起见，记：

$$\alpha = \sum_{i=1}^n c(e_i)(\sigma_j^F - \Phi^*(e_j)), \quad \beta = \sum_{i=1}^n c(e_i)(\sigma_j^F + \Phi(e_j))$$

$$\sigma_0(D) = -\frac{1}{4}\sum_{i,s,t}\omega_{s,t}(e_i)c(e_i)c(e_s)c(e_t), \quad \partial^i = g^{ij}\partial_i, \quad \sigma^i = g^{ij}\sigma_j$$

因此，我们得到：

$$\tilde{D}_F\tilde{D}_F^* = D_F{}^2 - D_F c(\Phi^*) + c(\Phi)D_F - c(\Phi)c(\Phi^*)$$

$$= -g^{i,j}\partial_i\partial_j - 2\sigma_{S(TM)\otimes F}^j\partial_j + \Gamma^k\partial_k + \sum_j[c(\Phi)c(e_j) - c(e_j)c(\Phi^*)]\times$$

$$e_j - \sum_j c(e_j)\sigma_j^{S(TM)\otimes F}c(\Phi^*) - g^{i,j}[(\partial_i\sigma_{S(TM)\otimes F}^j) + \sigma_{S(TM)\otimes F}^i\times$$

$$\sigma_{S(TM)\otimes F}^j - \Gamma_{i,j}^k\sigma_{S(TM)\otimes F}^k] + \frac{1}{4}s + \frac{1}{2}\sum_{i\neq j}R^F(e_i,\ e_j)c(e_i)c(e_j) +$$

$$\sum_j[c(\Phi)c(e_j)]\sigma_j^{S(TM)\otimes F} - \sum_j c(e_j)e_j\big(c(\Phi^*)\big) - c(\Phi)c(\Phi^*)$$

综上，我们便得到：

$$\tilde{D}_F^*\tilde{D}_F\tilde{D}_F^* = \sum_{i=1}^n c(e_i)\langle e_i,\ dx_l\rangle(-g^{i,j}\partial_i\partial_j) + \sum_{i=1}^n c(e_i)\langle e_i,\ dx_l\rangle\ \{-(\partial_l\times$$

$$g^{i,j}\partial_i\partial_j - g^{i,j}(4\sigma_i^{S(TM)\otimes F}\partial_j - 2\Gamma_{i,j}^k\partial_k)\partial_l\} + \sum_{i=1}^n c(e_i)\langle e_i,\ dx_l\rangle\times$$

$$\{-2(\partial_l g^{i,j})\sigma_i^{S(TM)\otimes F}\partial_j + g^{i,j}(\partial_l\Gamma_{i,j}^k)\partial_k - 2g^{i,j}(\partial_l\sigma_i^{S(TM)\otimes F})\partial_j +$$

$$(\partial_l g^{i,j})\Gamma_{i,j}^k\times\partial_k + \sum_{j,k}[\partial_l(c(\Phi)c(e_j) - c(e_j)c(\Phi^*))]\}\ \langle e_j,\ dx^k\rangle\times$$

$$\partial_k + \sum_{j,k}(c(\Phi)c(e_j) - c(e_j)c(\Phi^*))[\partial_l\langle e_j,\ dx^k\rangle]\partial_k + \sum_{i=1}^n c(e_i)\times$$

$$\langle e_i,\ dx_l\rangle\partial_l\{-\sum_j c(e_j)\sigma_j^{S(TM)\otimes F}\times c(\Phi^*) - g^{i,j}[(\partial_i\sigma_{S(TM)\otimes F}^j) +$$

$$\sigma_{S(TM)\otimes F}^i\sigma_{S(TM)\otimes F}^j - \Gamma_{i,j}^k\sigma_{S(TM)\otimes F}^k] + \frac{1}{4}s + \frac{1}{2}c(e_j)\sum_{i\neq j}R^F\times$$

$$(e_i,\ e_j)c(e_i) + \sum_j[c(\Phi)c(e_j)]\sigma_j^{S(TM)\otimes F} - \sum_j c(e_j)e_j\times(c(\Phi^*)) -$$

$$c(\Phi)c(\Phi^*)\} + (\sigma_0(D) + \alpha)(-g^{i,j}\partial_i\partial_j) + \sum_{i=1}^n c(e_i)\langle e_i,\ dx_l\rangle\times$$

$$\{2\sum_{j,k}(c(\Phi)c(e_j) - c(e_j)c(\Phi^*))\langle e_i,\ dx_k\rangle\}\partial_l\partial_k + (\sigma_0(D) +$$

$$\alpha)\ \{-2\times\sigma^{j}_{S(TM)\otimes F}\partial_{j}+\Gamma^{k}\partial_{k}+\sum_{j}(c(\Phi)c(e_{j})-c(e_{j})c(\Phi^{*}))\,e_{j}-$$

$$\sum_{j}c(e_{j})\sigma^{S(TM)\otimes F}_{j}c(\Phi^{*})-g^{i,\,j}[(\partial_{i}\sigma^{j}_{S(TM)\otimes F})+\sigma^{i}_{S(TM)\otimes F}\sigma^{j}_{S(TM)\otimes F}-$$

$$\Gamma^{k}_{i,\,j}\sigma^{k}_{S(TM)\otimes F}]+\frac{1}{4}s+\frac{1}{2}\sum_{i\neq j}R^{F}(e_{i},\ e_{j})c(e_{i})c(e_{j})+\sum_{j}[\,c(\Phi)\times$$

$$c(e_{j})\,]\,\sigma^{S(TM)\otimes F}_{j}-\sum_{j}c(e_{j})e_{j}(c(\Phi^{*}))-c(\Phi)c(\Phi^{*})\}$$

利用拟微分算子符号合成公式，则有：

引理 7.2　设 $\tilde{D}_{F}$，$\tilde{D}_{F}^{*}$ 是 $S(\Gamma(TM)\otimes F)$ 上的扭化狄拉克算子，则有：

$$\sigma_{2}(\tilde{D}_{F}^{*}\tilde{D}_{F}\tilde{D}_{F}^{*})=c(dx_{n})h'(0)|\xi|^{2}+c(\xi)(4\sigma^{k}-2\Gamma^{k})\xi_{k}+\sigma_{0}(D)|\xi|^{2}+$$

$$\alpha|\xi|^{2}-2\,[\,c(\xi)c(\Phi)c(\xi)+|\xi|^{2}c(\Phi^{*})\,]$$

$$\sigma_{3}(\tilde{D}_{F}^{*}\tilde{D}_{F}\tilde{D}_{F}^{*})=ic(\xi)|\xi|^{2}$$

为了方便起见，记：

$$\sigma_{2}(D^{3})=c(dx_{n})h'(0)|\xi|^{2}+c(\xi)(4\sigma^{k}-2\Gamma^{k})\xi_{k}+\sigma_{0}(D)|\xi|^{2}$$

$$=c(\xi)(4\sigma^{k}-2\Gamma^{k})\xi_{k}-\frac{1}{4}|\xi|^{2}h'(0)c(dx_{n})$$

根据拟微分算子合成公式，我们有：

$$\sigma(\tilde{D}_{F}^{*}\tilde{D}_{F}\tilde{D}_{F}^{*})=p_{3}+p_{2}+p_{1}+p_{0}$$

$$\sigma\left[\left(\tilde{D}_{F}^{*}\tilde{D}_{F}\tilde{D}_{F}^{*}\right)^{-1}\right]=\sum_{j=3}^{\infty}q_{-j}$$

再根据

$$1=\sigma\left((\tilde{D}_{F}^{*}\tilde{D}_{F}\tilde{D}_{F}^{*})\circ(\tilde{D}_{F}^{*}\tilde{D}_{F}\tilde{D}_{F}^{*})^{-1}\right)$$

$$=\sum_{\alpha}\frac{1}{\alpha!}\partial_{\xi}^{\alpha}[\sigma(\tilde{D}_{F}^{*}\tilde{D}_{F}\tilde{D}_{F}^{*})]D_{x}^{\alpha}\left[\left(\tilde{D}_{F}^{*}\tilde{D}_{F}\tilde{D}_{F}^{*}\right)^{-1}\right]$$

$$= (p_3 + p_2 + p_1 + p_0)(q_{-3} + q_{-4} + q_{-5} + \cdots) + \sum_j (\partial_{\xi_i} p_3 + \partial_{\xi_i} p_4 +$$

$$\partial_{\xi_i} p_1 + \partial_{\xi_i} p_0) \times (D_{x_i} q_{-3} + D_{x_i} q_{-4} + D_{x_i} q_{-5} + \cdots)$$

$$= p_3 q_{-3} + (p_3 q_{-4} + p_2 q_{-3} + \sum_j \partial_{\xi_i} p_3 D_{x_i} q_{-3}) + \cdots$$

通过上式，我们得到：

$$q_{-3} = p_3^{-1}$$

$$q_{-4} = -p_3^{-1} [p_2 p_3^{-1} + \sum_j \partial_{\xi_i} p_3 D_{x_i} (p_3^{-1})]$$

从而，有扭化狄拉克算子的另一组符号。

引理 7.3 设 $\tilde{D}_F$, $\tilde{D}_F^*$ 是 $S(\Gamma(TM) \otimes F)$ 上的扭化狄拉克算子，则有：

$$\sigma_{-3}\left((\tilde{D}_F^* \tilde{D}_F \tilde{D}_F^*)^{-1} \right) = \frac{ic(\xi)}{|\xi|^4}$$

$$\sigma_{-4}\left((\tilde{D}_F^* \tilde{D}_F \tilde{D}_F^*)^{-1} \right) = \sigma_{-4}(D^{-3}) + \frac{c(\xi)\alpha c(\xi)}{|\xi|^6} - \frac{2c(\xi)c(\Phi^*)c(\xi)}{|\xi|^6} -$$

$$\frac{2c(\Phi)}{|\xi|^4}$$

其中

$$\sigma_{-4}(D^{-3}) = \frac{c(\xi)\sigma_2(D^3)c(\xi)}{|\xi|^8} + \frac{c(\xi)}{|\xi|^{10}} \sum_j [c(dx_j)|\xi|^2 + 2\xi_j c(\xi)] \times$$

$$[\partial_{x_j}(c(\xi))|\xi|^2 - 2c(\xi)\partial_{x_j}(|\xi|^2)]$$

7.3 扭化狄拉克算子的非交换留数

在这一部分中，我们将证明6维紧致带边流形上的与扭化狄拉克算子相关的 Kastler–Kalau–Walze 型定理。

定义 $\sigma_l(A)$ 为算子 A 的 l-阶符号。作为第 4.3 节的应用，我们有：

$$\widetilde{Wres}\left[\pi^{+}\tilde{D}_F^{-1}\circ\pi^{+}\left(\tilde{D}_F^{*}\tilde{D}_F\tilde{D}_F^{*}\right)^{-1}\right]$$

$$=\int_M\int_{|\xi|=1}trace_{S(TM)\otimes F}\left[\sigma_{-6}\left((\tilde{D}_F^{*}\tilde{D}_F)^{-2}\right)\right]\sigma(\xi)dx+\int_{\partial M}\overline{\Phi}$$

其中

$$\overline{\Phi}=\int_{|\xi'|=1}\int_{-\infty}^{+\infty}\sum_{j,\,k=0}^{\infty}\sum\frac{(-i)^{|\alpha|+j+k+l}}{\alpha!(j+k+l)!}trace_{\wedge^{*}T^{*}M}[\,\partial_{x_n}^{j}\partial_{\xi'}^{\alpha}\partial_{\xi_n}^{k}\sigma_r^{+}(\tilde{D}_F^{-1})\times$$

$$(x',\,0,\,\xi',\,\xi_n)\times\partial_{x'}^{\alpha}\partial_{\xi_n}^{j+1}\partial_{x_n}^{k}\sigma_l\left((\tilde{D}_F^{*}\tilde{D}_F\tilde{D}_F^{*})^{-1}\right)(x',\,0,\,\xi',\,\xi_n)]$$

$$d\xi_n\sigma(\xi')dx'$$

且和式满足 $r+l-k-j-|\alpha|-1=-6$，$r\leqslant-1$，$l\leqslant-3$。

在局部上，我们利用文献［18］中的定理 2.4 去计算式 $\widetilde{Wres}\left[\pi^{+}\tilde{D}_F^{-1}\circ\pi^{+}\left(\tilde{D}_F^{*}\tilde{D}_F\tilde{D}_F^{*}\right)^{-1}\right]$ 中的第一项，则：

$$\int_M\int_{|\xi|=1}trace_{\wedge^{*}T^{*}M}\left[\sigma_{-6}\left((\tilde{D}_F^{*}\tilde{D}_F)^{-2}\right)\right]\sigma(\xi)dx$$

$$=8\pi^3\int_M[-\frac{1}{12}s+c(\Phi^{*})c(\Phi)-\frac{1}{4}\sum_j[\,c(\Phi^{*})c(e_i)-c(e_i)c(\Phi)\,]^2-$$

$$\frac{1}{2}\sum_j\nabla_{e_j}^{F}(c(\Phi^{*}))c(e_j)-\frac{1}{2}\sum_jc(e_j)\nabla_{e_j}^{F}(c(\Phi))\,]dVol_M$$

所以我们只需要计算边界项 $\int_{\partial M}\overline{\Phi}$ 即可。

根据 $\overline{\Phi}$ 的定义式，现在我们可以计算 $\overline{\Phi}$，因为和式满足 $r+l-k-j-|\alpha|-1=-6$，$r\leqslant-1$，$l\leqslant-3$，那么 $\overline{\Phi}$ 是以下五种情况

之和：

情况一：$r = -1$，$l = -3$，$k = j = 0$，$|\alpha| = 1$。

根据 $\overline{\Phi}$ 的定义式，我们得到：

$$\text{情况一} = -\int_{|\xi'| = 1} \int_{-\infty}^{+\infty} \sum_{|\alpha| = 1} tr\left[\partial_{\xi'}^{\alpha} \pi_{\xi_n}^{+} \sigma_{-1}(\tilde{D}_F^{-1}) \times \partial_{x'}^{\alpha} \partial_{\xi_n} \sigma_{-3}\left((\tilde{D}_F^* \tilde{D}_F \tilde{D}_F^*)^{-1}\right)\right] \times$$

$$(x_0) \quad \times d\xi_n \sigma(\xi') dx'$$

对于 $i < n$，我们得到：

$$\partial_{x_i} \sigma_{-3}\left((\tilde{D}_F^* \tilde{D}_F \tilde{D}_F^*)^{-1}\right)(x_0) = \partial_{x_i}\left(\frac{ic(\xi)}{|\xi|^4}\right)(x_0)$$

$$= \frac{i\partial_{x_i}\left(c(\xi)\right)(x_0)}{|\xi|^4} - \frac{2ic(\xi)\partial_{x_i}\left(|\xi|^2\right)(x_0)}{|\xi|^6}$$

$$= 0$$

所以情况一是退化的。

情况二：$r = -1$，$l = -3$，$k = |\alpha| = 0$，$j = 1$。

根据 $\overline{\Phi}$ 的定义式，我们得到：

$$\text{情况二} = -\frac{1}{2}\int_{|\xi'| = 1} \int_{-\infty}^{+\infty} tr\left[\partial_{x_n} \pi_{\xi_n}^{+} \sigma_{-1}(\tilde{D}_F^{-1}) \times\right.$$

$$\left.\partial_{\xi_n}^2 \sigma_{-3}\left((\tilde{D}_F^* \tilde{D}_F \tilde{D}_F^*)^{-1}\right)\right](x_0) d\xi_n \sigma(\xi') dx'$$

通过直接的计算，我们得到：

$$\partial_{\xi_n}^2 \sigma_{-3}\left((\tilde{D}_F^* \tilde{D}_F \tilde{D}_F^*)^{-1}\right) = i\left(\frac{(20\xi_n^2 - 4)c(\xi') + 12(\xi_n^3 - \xi_n)c(dx_n)}{|\xi|^8}\right)$$

利用 Clifford 作用和 $trAB = trBA$ 的关系，我们可以得到：

$$tr[\,c(\xi')c(dx_n)\,] = 0$$

$$tr[\,c(dx_n)^2\,] = -8\dim F$$

$$tr[\,c(\xi')^2\,] = -8\dim F$$

$$tr[\,\partial_{x_n}c(\xi')c(dx_n)\,] = 0$$

$$tr[\,\partial_{x_n}c(\xi')c(\xi')\,](x_0)\big|_{|\xi'|=1} = -4h'(0)\dim F$$

因为 $n = 6$，所以 $tr_{S(TM)\otimes F}[-id] = -8\dim F$，因此，我们有：

$$情况二 = -\frac{1}{2}\int_{|\xi'|=1}\int_{-\infty}^{+\infty}\dim F h'(0)\frac{-8 - 24i\xi_n + 40\xi_n{}^2 + 24\xi_n{}^3 i}{(\xi_n - i)^6(\xi_n + i)^4}\times$$

$$d\xi_n\sigma(\xi')dx'$$

$$= -\frac{15}{16}\pi h'(0)\Omega_4\dim F dx'$$

其中 Ω_4 是 S_4 的规范体积。

情况三：$r = -1$，$l = -3$，$j = |\alpha| = 0$，$k = 1$。

根据 $\overline{\Phi}$ 的定义式，我们得到：

$$情况三 = -\frac{1}{2}\int_{|\xi'|=1}\int_{-\infty}^{+\infty}tr\Big[\partial_{\xi_n}\pi^+_{\xi_n}\sigma^+_{-1}(\tilde{D}_F{}^{-1})\times$$

$$\partial_{\xi_n}\partial_{x_n}\sigma_{-3}\big((\tilde{D}_F^*\tilde{D}_F\tilde{D}_F^*)^{-1}\big)\Big](x_0)d\xi_n\sigma(\xi')dx'$$

经过直接计算，那么我们得到：

$$\partial_{\xi_n}\partial_{x_n}\sigma_{-3}\big((\tilde{D}_F^*\tilde{D}_F\tilde{D}_F^*)^{-1}\big)(x_0)\big|_{|\xi'|=1}$$

$$= -\frac{4i\xi_n\partial_{x_n}(c(\xi'))(x_0)}{|\xi|^6} + \frac{12h'(0)i\xi_n c(\xi')}{|\xi|^8} - \frac{(2 - 10\xi_n{}^2)h'(0)c(dx_n)}{|\xi|^8}$$

综上，我们得到：

$$tr\left[\partial_{\xi_n}\pi^+_{\xi_n}\sigma^+_{-1}(\tilde{D}_F^{-1})\times\partial_{\xi_n}\partial_{x_n}\sigma_{-3}\left((\tilde{D}_F^*\tilde{D}_F\tilde{D}_F^*)^{-1}\right)\right](x_0)$$

$$=\frac{h'(0)\dim F(8i-32\xi_n-8i\xi_n^2)}{(\xi_n-i)^5(\xi_n+i)^4}$$

从而得到：

$$情况三=-\frac{1}{2}\int_{|\xi'|=1}\int_{-\infty}^{+\infty}\frac{h'(0)\dim F(8i-32\xi_n-8i\xi_n^2)}{(\xi_n-i)^5(\xi_n+i)^4}(x_0)d\xi_n\sigma(\xi')dx'$$

$$=\frac{25}{16}\pi h'(0)\dim F\Omega_4 dx'$$

情况四：$r=-1$，$l=-4$，$k=j=|\alpha|=0$。

根据 $\overline{\Phi}$ 的定义式，我们得到：

$$情况四=-i\int_{|\xi'|=1}\int_{-\infty}^{+\infty}tr\left[\pi^+_{\xi_n}\sigma^+_{-1}(\tilde{D}_F^{-1})\times\partial_{\xi_n}\sigma_{-4}\left((\tilde{D}_F^*\tilde{D}_F\tilde{D}_F^*)^{-1}\right)\right](x_0)\times$$

$$d\xi_n\sigma(\xi')dx'$$

$$=-i\int_{|\xi'|=1}\int_{-\infty}^{+\infty}tr\left[\pi^+_{\xi_n}\sigma^+_{-1}(\tilde{D}_F^{-1})\times\partial_{\xi_n}\left[\sigma_{-4}(D^{-3})+\frac{c(\xi)\alpha c(\xi)}{|\xi|^6}-\right.\right.$$

$$\left.\left.\frac{2c(\xi)c(\Phi^*)c(\xi)}{|\xi|^6}-\frac{2c(\Phi)}{|\xi|^4}\right]\right](x_0)d\xi_n\sigma(\xi')dx'$$

$$:=D_1+D_2+D_3+D_4$$

其中

$$D_1=-i\int_{|\xi'|=1}\int_{-\infty}^{+\infty}tr\left[\pi^+_{\xi_n}\sigma^+_{-1}(\tilde{D}_F^{-1})\times\partial_{\xi_n}\sigma_{-4}(D^{-3})\right](x_0)d\xi_n\sigma(\xi')dx'$$

$$D_2=-i\int_{|\xi'|=1}\int_{-\infty}^{+\infty}tr\left[\pi^+_{\xi_n}\sigma^+_{-1}(\tilde{D}_F^{-1})\times\partial_{\xi_n}\left(\frac{c(\xi)\alpha c(\xi)}{|\xi|^6}\right)\right](x_0)d\xi_n\sigma(\xi')dx'$$

$$D_3=2i\int_{|\xi'|=1}\int_{-\infty}^{+\infty}tr\left[\pi^+_{\xi_n}\sigma^+_{-1}(\tilde{D}_F^{-1})\times\partial_{\xi_n}\left(\frac{c(\xi)c(\Phi^*)c(\xi)}{|\xi|^6}\right)\right](x_0)d\xi_n\sigma(\xi')dx'$$

$$D_4 = 2i \int_{|\xi'|=1} \int_{-\infty}^{+\infty} tr\left[\pi_{\xi_n}^+ \sigma_{-1}^+(\tilde{D}_F^{-1}) \times \partial_{\xi_n}\left(\frac{c(\Phi)}{|\xi|^4}\right)\right](x_0) d\xi_n \sigma(\xi') dx'$$

利用柯西积分公式，我们得到：

$$\pi_{\xi_n}^+ \sigma_{-1}(\tilde{D}_F^{-1})\Big|_{|\xi'|=1} = \frac{c(\xi') + ic(dx_n)}{2(\xi_n - i)}$$

在法坐标系下，若 $j < n$，则 $g^{ij}(x_0) = \delta_i^j$ 和 $\partial_{x_j}(g^{\alpha\beta})(x_0) = 0$；若 $j = n$，则有 $\partial_{x_j}(g^{\alpha\beta})(x_0) = h'(0)\delta_\alpha^\beta$。若 $k < n$，则 $\delta^k = \frac{1}{4} h'(0)c(\widetilde{e_k})c(\widetilde{e_n})$ 以及 $\delta^n(x_0) = 0$，从而就有：

$$\sigma_{-4}(D^{-3})(x_0)$$

$$= \frac{c(\xi)}{|\xi|^8}\left(h'(0)c(\xi)\sum_{k<n}\xi_k c(e_k)c(e_n) - 5h'(0)\xi_n c(\xi) - \frac{5}{4}h'(0)|\xi|^2 c(dx_n)\right) \times$$

$$c(\xi)(x_0) + \frac{c(\xi)}{|\xi|^{10}}\left(|\xi|^4 c(dx_n)\partial_{x_n}\big(c(\xi')\big)(x_0) - 2h'(0)|\xi|^2 c(dx_n)\times$$

$$c(\xi)(x_0) + 2\xi_n|\xi|^2 c(\xi)\partial_{x_n}\big(c(\xi')\big)(x_0) + 4\xi_n h'(0)c(\xi)c(\xi)\big)(x_0) +$$

$$h'(0)\frac{c(\xi)c(dx_n)c(\xi)}{|\xi|^6}(x_0)$$

经进一步计算，我们得出：

$$\sigma_{-4}(D^{-3})(x_0) = \frac{-17 - 9\xi_n^2}{4(1 + \xi_n^2)^4} h'(0)c(\xi')c(dx_n)c(\xi')(x_0) + \frac{33\xi_n + 17\xi_n^3}{2(1 + \xi_n^2)^4} \times$$

$$h'(0)c(\xi')(x_0) + h'(0)c(dx_n)(x_0)\frac{49\xi_n^2 + 25\xi_n^4}{2(1 + \xi_n^2)^4} +$$

$$\frac{1}{(1 + \xi_n^2)^3} c(\xi')c(dx_n)\partial_{x_n}\big(c(\xi')\big) \times (x_0) - \frac{3\xi_n}{(1 + \xi_n^2)^3} \times$$

$$\partial_{x_n}\big(c(\xi')\big)(x_0) - \frac{2\xi_n}{(1 + \xi_n^2)^3} h'(0)\xi_n c(\xi')(x_0) +$$

$$\frac{1 - \xi_n^2}{(1 + \xi_n^2)^3} h'(0) c(dx_n)(x_0)$$

因此，我们可以得到：

$$\partial_{\xi_n} \sigma_{-4}(D^{-3})(x_0) = \frac{5\xi_n + 27\xi_n^3}{2(1 + \xi_n^2)^5} h'(0) c(\xi') c(dx_n) c(\xi')(x_0) +$$

$$\frac{33 - 180\xi_n^2 - 85\xi_n^4}{2(1 + \xi_n^2)^5} h'(0) c(\xi')(x_0) +$$

$$\frac{49\xi_n - 97\xi_n^3 - 50\xi_n^5}{2(1 + \xi_n^2)^5} h'(0) c(dx_n)(x_0) -$$

$$\frac{6\xi_n}{(1 + \xi_n^2)^4} c(\xi') \times c(dx_n) \partial_{x_n}\big(c(\xi')\big)(x_0) -$$

$$\frac{3 - 15\xi_n^2}{(1 + \xi_n^2)^4} \partial_{x_n}\big(c(\xi')\big)(x_0) - \frac{4\xi_n^3 - 8\xi_n}{(1 + \xi_n^2)^4} h'(0) \times$$

$$c(dx_n)(x_0) + \frac{2 - 10\xi_n^2}{(1 + \xi_n^2)^4} h'(0) c(\xi')(x_0)$$

故我们得到：

$$tr\Big[\pi_{\xi_n}^+ \sigma_{-1}^+(\tilde{D}_F^{-1}) \times \partial_{\xi_n} \sigma_{-4}(D^{-3}) \Big](x_0)\Big|_{|\xi'| = 1}$$

$$= \frac{4ih'(0)\dim F(-17 - 42i\xi_n + 50\xi_n^2 - 16i\xi_n^3 + 29\xi_n^4)}{(\xi_n - i)^5(\xi_n + i)^5}$$

从而，我们得到：

$$D_1 = -i \int_{|\xi'| = 1} \int_{-\infty}^{+\infty} tr\Big[\pi_{\xi_n}^+ \sigma_{-1}^+(\tilde{D}_F^{-1}) \times \partial_{\xi_n} \sigma_{-4}(D^{-3}) \Big](x_0) d\xi_n \sigma(\xi') dx'$$

$$= -\frac{129}{16} \pi h'(0) \dim F \Omega_4 dx'$$

因为

$$\partial_{\xi_n}\left(\frac{c(\xi)\alpha c(\xi)}{|\xi|^6}\right) = \frac{c(dx_n)\alpha c(\xi') + c(\xi')\alpha c(dx_n) + 2\xi_n c(dx_n)\alpha c(dx_n)}{\left(1 + \xi_n^2\right)^3} -$$

$$\frac{6\xi_n c(\xi)\alpha c(\xi)}{\left(1 + \xi_n^2\right)^4}$$

从而得到：

$$tr\left[\pi_{\xi_n}^+ \sigma_{-1}^+(\tilde{D}_F^{-1}) \times \partial_{\xi_n}\left(\frac{c(\xi)\alpha c(\xi)}{|\xi|^6}\right)\right](x_0)\Bigg|_{|\xi'|=1}$$

$$= \frac{(4i\xi_n + 2)i}{2(\xi_n + i)^4(\xi_n - i)^3} tr[\alpha c(\xi')] + \frac{4i\xi_n + 2}{2(\xi_n + i)^4(\xi_n - i)^3} tr[\alpha c(dx_n)]$$

利用 Clifford 作用以及 $trAB = trBA$，我们有如下等式：

$$tr[c(dx_n)\sum_{j=1}^{n} c(e_j)(\sigma_j^F - \Phi^*(e_j))] = tr[-id \otimes (\sigma_n^F - \Phi^*(e_n))]$$

$$tr[c(\xi')\sum_{j=1}^{n} c(e_j)(\sigma_j^F - \Phi^*(e_j))] = tr[-\sum_{j=1}^{n-1} \xi_j(\sigma_n^F - \Phi^*(e_n))]$$

我们注意到当 $i < n$ 时，有 $\int_{|\xi'|=1}\{\xi_{i_1}\cdots\xi_{i_{2d+1}}\}\sigma(\xi') = 0$，所以

$tr[\alpha c(\xi')]$ 对于计算情况四无贡献。从而得到：

$$D_2 = -i\int_{|\xi'|=1}\int_{-\infty}^{+\infty} tr[\pi_{\xi_n}^+ \sigma_{-1}^+(\tilde{D}_F^{-1}) \times \partial_{\xi_n}\left(\frac{c(\xi)\alpha c(\xi)}{|\xi|^6}\right)](x_0)d\xi_n\sigma(\xi')dx'$$

$$= \frac{3}{2}\pi \dim F tr[\sigma_n^F - \Phi^*(e_n)]\Omega_4 dx'$$

因为

$$\partial_{\xi_n}\left(\frac{c(\xi)c(\Phi^*)c(\xi)}{|\xi|^6}\right)$$

$$= \frac{c(dx_n)c(\Phi^*)c(\xi') + c(\xi')c(\Phi^*)c(dx_n) + 2\xi_n c(dx_n)c(\Phi^*)c(dx_n)}{\left(1 + \xi_n^2\right)^3} -$$

$$\frac{6\xi_n c(\xi)c(\Phi^*)c(\xi)}{\left(1+\xi_n^2\right)^4}.$$

从而

$$tr\left[\pi_{\xi_n}^+\sigma_{-1}^+(\tilde{D}_F^{-1})\times\partial_{\xi_n}\left(\frac{c(\xi)c(\Phi^*)c(\xi)}{|\xi|^6}\right)\right](x_0)\Bigg|_{|\xi'|=1}$$

$$=\frac{(4i\xi_n+2)i}{2(\xi_n+i)^4(\xi_n-i)^3}tr[c(\Phi^*)c(\xi')]+$$

$$\frac{4i\xi_n+2}{2(\xi_n+i)^4(i-\xi_n)^3}tr[c(\Phi^*)c(dx_n)]$$

利用 Clifford 作用以及 $trAB=trBA$，我们有如下等式：

$$tr\left[c(dx_n)\sum_{j=1}^n c(e_j)\otimes\Phi^*(e_j)\right]=tr[-\mathrm{id}\otimes\Phi^*(e_n)]$$

$$tr\left[c(\xi')\sum_{j=1}^n c(e_j)\otimes\Phi^*(e_j)\right]=tr\left[-\sum_{j=1}^{n-1}\xi_j\Phi^*(e_n)\right]$$

因为当 $i<n$ 时，有 $\int_{|\xi'|=1}\left\{\xi_{i_1}\cdots\xi_{i_{2d+1}}\right\}\sigma(\xi')=0$，所以 $tr[c(\Phi^*)c(\xi')]$

对于计算情况四无贡献。

那么

$$D_3=2i\int_{|\xi'|=1}\int_{-\infty}^{+\infty}tr[\pi_{\xi_n}^+\sigma_{-1}^+(\tilde{D}_F^{-1})\times\partial_{\xi_n}\left(\frac{c(\xi)c(\Phi^*)c(\xi)}{|\xi|^6}\right)](x_0)d\xi_n\times$$

$$\sigma(\xi')dx'$$

$$=-3\pi\dim F tr[\Phi^*(e_n)]\Omega_4 dx'$$

因为

$$\partial_{\xi_n}\left(\frac{c(\Phi)}{|\xi|^4}\right)=-\frac{2\xi_n c(\Phi)}{\left(1+\xi_n^2\right)^3}$$

那么

$$tr\left[\pi_{\xi_n}^+\sigma_{-1}^+(\tilde{D}_F^{-1})\times\partial_{\xi_n}\left(\frac{c(\Phi)}{|\xi|^4}\right)\right](x_0)\Bigg|_{|\xi'|=1}$$

$$=\frac{-2\xi_n}{2(\xi_n+i)^4(\xi_n-i)^3}tr[c(\Phi)c(\xi')]+$$

$$\frac{-2\xi_n i}{2(\xi_n+i)^4(\xi_n-i)^3}tr[c(\Phi)c(dx_n)]$$

利用 Clifford 作用以及 $trAB=trBA$，我们有如下等式：

$$tr[c(dx_n)\sum_{j=1}^{n}c(e_j)\otimes\Phi(e_j)]=tr[-\mathrm{id}\otimes\Phi(e_n)]$$

$$tr[c(\xi')\sum_{j=1}^{n}c(e_j)\otimes\Phi(e_j)]=tr[-\sum_{j=1}^{n-1}\xi_j\Phi(e_n)]$$

因为当 $i<n$ 时，有 $\int_{|\xi'|=1}\left\{\xi_{i_1}\cdots\xi_{i_{2d+1}}\right\}\sigma(\xi')=0$，所以 $tr[c(\Phi)c(\xi')]$

对于计算情况四无贡献。

那么

$$D_4=2i\int_{|\xi'|=1}\int_{-\infty}^{+\infty}tr[\pi_{\xi_n}^+\sigma_{-1}^+(\tilde{D}_F^{-1})\times\partial_{\xi_n}\left(\frac{c(\Phi^*)}{|\xi|^4}\right)](x_0)d\xi_n\sigma(\xi')dx'$$

$$=-\pi\mathrm{dim}Ftr[\Phi(e_n)]\Omega_4 dx'$$

综上所述，我们最终得出：

$$情况四=-\frac{129}{16}\pi h'(0)\mathrm{dim}F\Omega_4 dx'+\frac{3}{2}\pi\mathrm{dim}Ftr[\sigma_n^F-\Phi^*(e_n)]\Omega_4 dx'-$$

$$3\pi\mathrm{dim}Ftr[\Phi^*(e_n)]\Omega_4 dx'-\pi\mathrm{dim}Ftr[\Phi(e_n)]\Omega_4 dx'$$

情况五：$r=-1$，$l=-2$，$k=j=|\alpha|=0$。

根据 $\overline{\Phi}$ 的定义式，我们得到：

情况五 $= -i \int_{|\xi'|=1} \int_{-\infty}^{+\infty} tr\left[\pi_{\xi_n}^{+} \sigma_{-2}(\tilde{D}_F^{-1}) \times \right.$

$$\left. \partial_{\xi_n} \sigma_{-3}\left((\tilde{D}_F^{*}\tilde{D}_F\tilde{D}_F^{*})^{-1}\right)\right](x_0) d\xi_n \sigma(\xi') dx'$$

因为

$$\sigma_{-2}\left((\tilde{D}_F)^{-1}\right)$$

$$= \frac{c(\xi)\sigma_0(\tilde{D}_F)c(\xi)}{|\xi|^4} + \frac{c(\xi)}{|\xi|^6} \sum_j c(dx_j) [\partial_{x_j}(c(\xi))|\xi|^2 - c(\xi)\partial_{x_j}(|\xi|^2)]$$

$$= \frac{c(\xi)[\sigma_0(D) + \beta]c(\xi)}{|\xi|^4} + \frac{c(\xi)}{|\xi|^6} \sum_j c(dx_j) [\partial_{x_j}(c(\xi))|\xi|^2 - c(\xi) \times$$

$$\partial_{x_j}(|\xi|^2)]$$

$$= \frac{c(\xi)\sigma_0(D)c(\xi)}{|\xi|^4} + \frac{c(\xi)}{|\xi|^6} \sum_j c(dx_j) [\partial_{x_j}(c(\xi))|\xi|^2 - c(\xi)\partial_{x_j}(|\xi|^2)] +$$

$$\frac{c(\xi)\beta c(\xi)}{|\xi|^4}$$

所以我们得出结论：

$$\pi_{\xi_n}^{+}\left(\frac{c(\xi)\sigma_0(D)c(\xi)}{|\xi|^4} + \frac{c(\xi)}{|\xi|^6} \sum_j c(dx_j) [\partial_{x_j}(c(\xi))|\xi|^2 -\right.$$

$$\left. c(\xi)\partial_{x_j}(|\xi|^2)]\right)(x_0)\Big|_{|\xi'|=1}$$

$$= \pi_{\xi_n}^{+}\left[\frac{c(\xi)\sigma_0(D)(x_0)c(\xi) + c(\xi)c(dx_n)\partial_{x_j}(c(\xi'))(x_0)}{(1+\xi_n^2)^4}\right] -$$

$$h'(0)\pi_{\xi_n}^{+}\left[\frac{c(\xi)c(dx_n)c(\xi)}{(1+\xi_n^2)^3}\right]$$

$$: = A_1 - A_2$$

其中

$$A_1 = -\frac{1}{4(\xi_n - i)} [(2 + \xi_n i)c(\xi')\sigma_0(D)c(\xi') + i\xi_n c(dx_n)\sigma_0(D)c(dx_n) +$$

$$(2 + \xi_n i)c(\xi')c(dx_n)\partial_{x_n}(c(\xi')) + ic(dx_n)\sigma_0(D)c(\xi') +$$

$$ic(\xi')\sigma_0(D)c(dx_n) - i\partial_{\xi_n}(c(\xi'))]$$

$$= \frac{1}{4(\xi_n - i)} [\frac{5}{2}h'(0)c(dx_n) - \frac{5i}{2}h'(0)c(\xi') - (2 + \xi_n i)] \times$$

$$c(\xi')c(dx_n)\partial_{\xi_n}(c(\xi'))]$$

$$A_2 = \frac{1}{2}h'(0) [\frac{c(dx_n)}{4i(\xi_n - i)} + \frac{c(dx_n) - ic(\xi')}{8(\xi_n - i)^2} + \frac{(3\xi_n - 7i)}{8(\xi_n - i)^3} \times$$

$$(ic(\xi') - c(dx_n))]$$

另一方面，由于柯西积分公式给出：

$$\pi_{\xi_n}^+ \left[\frac{c(\xi)\beta c(\xi)}{|\xi|^4}\right] = -\frac{c(\xi')\beta c(\xi')(2 + i\xi_n)}{4(\xi_n - i)^2} -$$

$$\frac{ic(\xi')\beta c(dx_n)}{4(\xi_n - i)^2} -$$

$$\frac{ic(dx_n)\beta c(\xi')}{4(\xi_n - i)^2} -$$

$$\frac{i\xi_n c(dx_n)\beta c(dx_n)}{4(\xi_n - i)^2}$$

因此我们得到：

$$\partial_{\xi_n}\sigma_{-3}((\tilde{D}_F^*\tilde{D}_F\tilde{D}_F^*)^{-1}) = \frac{-4i\xi_n c(\xi')}{(1 + \xi_n^2)^3} + \frac{i(1 - 3\xi_n^2)c(dx_n)}{(1 + \xi_n^2)^3}$$

故，我们得到：

$$tr\left[A_1 \times \partial_{\xi_n}\sigma_{-3}\left((\tilde{D}_F^*\tilde{D}_F\tilde{D}_F^*)^{-1}\right)\right](x_0)\Bigg|_{|\xi'|=1}$$

$$= tr\left\{ \frac{1}{4(\xi_n-i)^2}\left[\frac{5}{2}h'(0)c(dx_n) - \frac{5}{2}ih'(0)c(\xi') - (2+i\xi_n)\times\right.\right.$$

$$c(\xi')c(dx_n)\times\partial_{\xi_n}c(\xi') + i\partial_{\xi_n}c(\xi')\Bigg]\times\frac{-4i\xi_nc(\xi')+(i-3i\xi_n^2)c(dx_n)}{(1+\xi_n^2)^3}\Bigg\}$$

$$= h'(0)\dim F\frac{3+12i\xi_n+3\xi_n^2}{(\xi_n-i)^4(\xi_n+i)^3}$$

类似地，我们有：

$$tr\left[A_2\times\partial_{\xi_n}\sigma_{-3}\left((\tilde{D}_F^*\tilde{D}_F\tilde{D}_F^*)^{-1}\right)\right](x_0)\Bigg|_{|\xi'|=1}$$

$$= tr\left\{\frac{h'(0)}{2}\left[\frac{c(dx_n)}{4i(\xi_n-i)} + \frac{c(dx_n)-ic(\xi')}{8(\xi_n-i)^2} + \right.\right.$$

$$\frac{(3\xi_n-7i)(ic(\xi')-c(dx_n))}{8(\xi_n-i)^3}\Bigg]\times$$

$$\frac{-4i\xi_nc(\xi')+(i-3i\xi_n^2)c(dx_n)}{(1+\xi_n^2)^3}\Bigg\}$$

$$= h'(0)\dim F\frac{4i-11\xi_n-6i\xi_n^2+3\xi_n^3}{(\xi_n-i)^5(\xi_n+i)^3}$$

所以，我们有：

$$-i\int_{|\xi'|=1}\int_{-\infty}^{+\infty}tr\left[\pi_{\xi_n}^+\sigma_{-2}(D^{-1})\times\partial_{\xi_n}\sigma_{-3}\left((\tilde{D}_F^*\tilde{D}_F\tilde{D}_F^*)^{-1}\right)\right](x_0)d\xi_n\sigma(\xi')dx'$$

$$= \frac{55}{16}\dim F\pi h'(0)\Omega_4 dx'$$

经过计算，我们有：

$$tr\left[\pi_{\xi_n}^+\left[\frac{c(\xi)\beta c(\xi)}{|\xi|^4}\right]\times \partial_{\xi_n}\sigma_{-3}\left((\tilde{D}_F^*\tilde{D}_F\tilde{D}_F^*)^{-1}\right)\right](x_0)$$

$$=\frac{(3\xi_n-i)i}{2(\xi_n+i)^3(\xi_n-i)^4}tr\left[\beta c(dx_n)\right]+\frac{3\xi_n-i}{2(\xi_n+i)^3(\xi_n-i)^4}tr\left[c(\xi')\beta\right]$$

利用 Clifford 作用以及 $trAB=trBA$，我们有如下等式：

$$tr\left[c(dx_n)\sum_{j=1}^n c(e_j)(\sigma_j^F+\Phi(e_j))\right]=tr\left[-\mathrm{id}\otimes(\sigma_n^F+\Phi(e_n))\right]$$

$$tr\left[c(\xi')\sum_{j=1}^n c(e_j)(\sigma_j^F+\Phi(e_j))\right]=tr\left[-\sum_{j=1}^{n-1}\xi_j(\sigma_n^F+\Phi(e_n))\right]$$

我们注意到当 $i<n$ 时，有 $\int_{|\xi'|=1}\left\{\xi_{i_1}\cdots\xi_{i_{2d+1}}\right\}\sigma(\xi')=0$，所以 $tr\left[\beta c(\xi')\right]$

对于计算情况五无贡献。从而得到：

$$-i\int_{|\xi'|=1}\int_{-\infty}^{+\infty}tr\left[\pi_{\xi_n}^+\left[\frac{c(\xi)\beta c(\xi)}{|\xi|^4}\right]\times\partial_{\xi_n}\sigma_{-3}\left((\tilde{D}_F^*\tilde{D}_F\tilde{D}_F^*)^{-1}\right)\right](x_0)d\xi_n\times$$

$$\sigma(\xi')dx'=-2\pi\dim F tr\left[\sigma_n^F+\Phi(e_n)\right]\Omega_4 dx'.$$

那么给出：

$$\text{情况五}=\frac{55}{16}\dim F\pi h'(0)\Omega_4 dx'-2\pi\dim F tr\left[\sigma_n^F+\Phi(e_n)\right]\Omega_4 dx'$$

那么 $\overline{\Phi}$ 是情况一至五之和，从而得到：

$$\overline{\Phi}=\{4h'(0)-tr\left[\Phi(e_n)\right]-3tr\left[\Phi^*(e_n)\right]+\frac{3}{2}tr\left[\sigma_n^F-\Phi^*(e_n)\right]-$$

$$2tr\left[\sigma_n^F+\Phi(e_n)\right]\}\pi\dim F\Omega_4 dx'$$

利用文献［35］中的（4.2），我们得到：

$$K=\sum_{1\leqslant i,j\leqslant n-1}K_{i,j}g_{\partial M}^{i,j};\ K_{i,j}=-\Gamma_{i,j}^n$$

且 $K_{i,j}$ 是第二基本形式或内在曲率。对于 $n=6$，从而有：

$$K(x_0) = \sum_{1 \leq i, j \leq n-1} K_{i,j}(x_0) g_{\partial M}^{i,j}(x_0)$$

$$= \sum_{i=1}^{n} K_{i,j} = \frac{5}{2} h'(0)$$

因此，得到结论：

定理7.1 设 M 是6维带有边界为 ∂M 的紧致旋流形，则有：

$$\widetilde{Wres} \left[\pi^+ \tilde{D}_F^{-1} \circ \pi^+ \left(\tilde{D}_F^* \tilde{D}_F \tilde{D}_F^* \right)^{-1} \right]$$

$$= 8\pi^3 \int_M \left[-\frac{1}{12} s + c(\Phi^*) c(\Phi) - \frac{1}{4} \sum_j [c(\Phi^*) c(e_i) - c(e_i) c(\Phi)]^2 - \frac{1}{2} \times \right.$$

$$\sum_j \nabla_{e_j}^F (c(\Phi^*)) c(e_j) - \frac{1}{2} \sum_j c(e_j) \nabla_{e_j}^F (c(\Phi)) \left] dVol_M + \int_{\partial M} \{ -\frac{8}{5} \times \right.$$

$$K - tr[\Phi(e_6)] - 3tr[\Phi^*(e_6)] + \frac{3}{2} tr[\sigma_6^F - \Phi^*(e_6)] - 2tr[\sigma_6^F +$$

$$\Phi(e_6)] \} \pi \dim F \Omega_4 dx'$$

其中 s 是数量曲率。

8

基于扭化符号差算子的非交换留数理论

首先，给出扭化符号差算子的相关定义；其次，给出了 6 维带边流形上的关于扭化符号差算子的 Kastler-Kalau-Walze 型定理的证明。

8.1 扭化符号差算子

首先，回顾一下扭化符号差算子的定义。我们考虑 n 维可定向的黎曼流形 (M, g^M)。设 F 是 M 上的实向量丛，g^F 是 F 上的欧氏度量。设 $\wedge^*(T^*M) = \overset{n}{\underset{i=0}{\oplus}} \wedge^i(T^*M)$ 是 T^*M 的实外代数丛。设：

$$\Omega^*(M, F) = \overset{n}{\underset{i=0}{\oplus}} \Omega^i(M, F) = \overset{n}{\underset{i=0}{\oplus}} C^\infty(M, \wedge^i(T^*M) \otimes F)$$

是 $\wedge^i(T^*M) \otimes F$ 上的光滑截面的集合。设 $*$ 是 g^{TM} 的 Hodge 星算子。它通过作用于 F 以此扩展到 $\wedge^i(T^*M) \otimes F$ 上，从而 $\Omega^*(M, F)$ 继承了以下标准诱导内积：

$$\langle s, \eta \rangle = \int_M \langle s \wedge *\eta \rangle_F, \quad s, \eta \in \Omega^*(M, F)$$

设 $\hat{\nabla}^F$ 是 F 上的非欧式联络，令 d^F 是 ∇^F 在 $\Omega^*(M, F)$ 上的延拓。令 $\delta^F = d^{F*}$ 是关于内积的 d^F 的形式伴随算子。设 $\hat{D}_F$ 是作用在 $\Omega^*(M, F)$ 上的微分算子，定义为：

$$\hat{D}_F = d^F + \delta^F$$

设

$$\omega(F, g^F) = \hat{\nabla}^{F, *} - \hat{\nabla}^F, \quad \nabla^{F, e} = \nabla^F + \frac{1}{2} \omega(F, g^F)$$

那么 $\nabla^{F, e}$ 是 (F, g^F) 上的欧氏联络。设 $\nabla^{\wedge^i(T^*M)}$ 是由 g^{TM} 的 Levi-Civita 联

络 ∇^{TM} 规范诱导的 $\wedge^*(T^*M)$ 上的欧氏联络。设 ∇^e 是通过 $\nabla^{\wedge^*(T^*M)}$ 与 $\nabla^{F,\,e}$ 的张量积得到的 $\wedge^i(T^*M) \otimes F$ 上的欧氏联络。设 $\{e_1, \cdots, e_n\}$ 是 TM 的可定向的（局部的）正交基底。又因为：

$$d^F + \delta^F = \sum_{i=0}^{n} c(e_i)\nabla_{e_i}^e - \frac{1}{2}\sum_{i=1}^{n} \hat{c}(e_i)\omega(F,\ g^F)(e_i)$$

令 $D_F^e = \sum_{i=1}^{n} c(e_i)\nabla_{e_i}^e$ 和 $\omega(F,\ g^F)$ 是 $\Omega(M,\ End\,F)$ 中的任意元，则定义广义扭化符号差算子 $\hat{D}_F$，$\hat{D}_F^*$ 如下。对于 $\psi \otimes \chi \in \wedge^i(T^*M) \otimes F$，定义：

$$\hat{D}_F = D_F^e(\psi \otimes \chi) - \frac{1}{2}\sum_{i=1}^{n} \hat{c}(e_i)\omega(F,\ g^F)(e_i)(\psi \otimes \chi)$$

$$\hat{D}_F^* = D_F^e(\psi \otimes \chi) - \frac{1}{2}\sum_{i=1}^{n} \hat{c}(e_i)\omega^*(F,\ g^F)(e_i)(\psi \otimes \chi)$$

其中 $\omega^*(F,\ g^F)(e_i)$ 定义为 $\omega(F,\ g^F)(e_i)$ 的伴随算子。

在局部坐标系 $\{x_i;\ \ 1 \leqslant i \leqslant n\}$ 与固定正交标架 $\{\widetilde{e_1}, \cdots, \widetilde{e_n}\}$ 下，联络矩阵 $\omega(s,\ t)$ 定义为：

$$\tilde{\nabla}(\widetilde{e_1}, \cdots, \widetilde{e_n}) = (\widetilde{e_1}, \cdots, \widetilde{e_n})\omega(s,\ t)$$

设 M 是 6 维带有边界 ∂M 的紧致可定向的黎曼流形。定义 $\hat{D}_F$：
$C^\infty(M,\ \wedge^*(T^*M) \otimes F) \to C^\infty(M,\ \wedge^*(T^*M) \otimes F)$ 是广义的扭化符号差算子。设 $\varepsilon(\widetilde{e_j^*})$，$l(\widetilde{e_j^*})$ 分别是外积和内积。记：

$$c(\widetilde{e_j}) = \varepsilon(\widetilde{e_j^*}) - l(\widetilde{e_j^*})$$

$$\hat{c}(\widetilde{e_j}) = \varepsilon(\widetilde{e_j^*}) + l(\widetilde{e_j^*})$$

在标架 $\{e_{i_1}^* \wedge \cdots \wedge e_{i_n}^* | 1 \leqslant i_1 < \cdots < i_k \leqslant 6\}$ 下，我们计算 $tr_{\wedge^*(T^*M) \otimes F}$。综上，我们得到：

$$\hat{D}_F = \sum_{i=1}^{n} c(e_i)\nabla_{e_i}^e - \frac{1}{2}\sum_{i=1}^{n}\hat{c}(e_i)\omega(F, g^F)(e_i)$$

$$= \sum_{i=1}^{n} c(e_i)(\nabla_{e_i}^{\wedge^*(T^*M)\otimes F} \otimes \mathrm{id}_F + \mathrm{id}_{\wedge^*(T^*M)\otimes F} \otimes \nabla_{e_i}^{F, e}) -$$

$$\frac{1}{2}\sum_{i=1}^{n}\hat{c}(e_i)\omega(F, g^F)(e_i)$$

$$= \sum_{i=1}^{n} c(e_i)[\widetilde{e}_i + \frac{1}{4}\sum_{s,t}\omega_{s,t}(\widetilde{e}_i)[\hat{c}(\widetilde{e}_s)\hat{c}(\widetilde{e}_t) - c(\widetilde{e}_s)c(\widetilde{e}_t)] \otimes \mathrm{id}_F +$$

$$\mathrm{id}_{\wedge^*(T^*M)\otimes F} \otimes \sigma_i^{F, e}] - \frac{1}{2}\sum_{i=0}^{n}\hat{c}(e_i)\omega(F, g^F)(e_i)$$

$$\hat{D}_F^* = \sum_{i=1}^{n} c(e_i)\nabla_{e_i}^e - \frac{1}{2}\sum_{i=1}^{n}\hat{c}(e_i)\omega^*(F, g^F)(e_i)$$

$$= \sum_{i=1}^{n} c(e_i)[\widetilde{e}_i + \frac{1}{4}\sum_{s,t}\omega_{s,t}(\widetilde{e}_i)[\hat{c}(\widetilde{e}_s)\hat{c}(\widetilde{e}_t) - c(\widetilde{e}_s)c(\widetilde{e}_t)] \otimes \mathrm{id}_F +$$

$$\mathrm{id}_{\wedge^*(T^*M)\otimes F} \otimes \sigma_i^{F, e}] - \frac{1}{2}\sum_{i=1}^{n}\hat{c}(e_i)\omega^*(F, g^F)(e_i)$$

8.2 扭化符号差算子的符号

通过文献［35］中的符号合成公式，我们得到：

引理8.1 设 $\hat{D}_F^*$, $\hat{D}_F$ 是 $\Gamma(\wedge^*(T^*M)\otimes F)$ 上的扭化符号差算子，则有：

$$\sigma_1(\hat{D}_F) = \sigma_1(\hat{D}_F^*) = ic(\xi)$$

$$\sigma_0(\hat{D}_F) = \sum_{i=1}^{n} c(e_i)[\frac{1}{4}\sum_{s,t}\omega_{s,t}(\widetilde{e}_i)[\hat{c}(\widetilde{e}_s)\hat{c}(\widetilde{e}_t) - c(\widetilde{e}_s)c(\widetilde{e}_t)] \otimes \mathrm{id}_F +$$

$$\mathrm{id}_{\wedge^*(T^*M)\otimes F} \otimes \sigma_{e_i}^{F, e}] - \frac{1}{2}\sum_{i=1}^{n}\hat{c}(e_i)\omega(F, g^F)(e_i)$$

$$\sigma_0(\hat{D}_F^*) = \sum_{i=1}^{n} c(e_i) \left[\frac{1}{4} \sum_{s,t} \omega_{s,t}(\widetilde{e}_i) [\hat{c}(\widetilde{e}_s)\hat{c}(\widetilde{e}_t) - c(\widetilde{e}_s)c(\widetilde{e}_t)] \otimes \mathrm{id}_F + \right.$$

$$\left. \mathrm{id}_{\Lambda^*(T^*M) \otimes F} \otimes \sigma_{e_i}^{F,\cdot} \right] - \frac{1}{2} \sum_{i=1}^{n} \hat{c}(e_i) \omega^*(F, g^F)(e_i)$$

根据上述引理与拟微分算子合成公式，我们得到：

引理8.2 扭化符号差算子 $\hat{D}_F^*$，$\hat{D}_F$ 的符号如下：

$$\sigma_{-1}(\hat{D}_F^{-1}) = \sigma_{-1}\big((\hat{D}_F^*)^{-1}\big) = \frac{ic(\xi)}{|\xi|^2}$$

$$\sigma_{-2}(\hat{D}_F^{-1}) = \frac{c(\xi)\sigma_0(\hat{D}_F)c(\xi)}{|\xi|^4} + \frac{c(\xi)}{|\xi|^6} \sum_j c(dx_j)[\partial_{x_j}(c(\xi))|\xi|^2 -$$

$$c(\xi)\partial_{x_j}(|\xi|^2)]$$

$$\sigma_{-2}\big((\hat{D}_F^*)^{-1}\big) = \frac{c(\xi)\sigma_0\big(\hat{D}_F^*\big)c(\xi)}{|\xi|^4} + \frac{c(\xi)}{|\xi|^6} \sum_j c(dx_j)[\partial_{x_j}(c(\xi))|\xi|^2 -$$

$$c(\xi)\partial_{x_j}(|\xi|^2)]$$

因为 $\overline{\Psi}$ 是 ∂M 上的整体形式，所以对于任意的固定点 $x_0 \in \partial M$，在 ∂M（非在 M）上选择 x_0 的法坐标系 U，在坐标系 $\tilde{U} = U \times [0, 1) \subset \mathrm{M}$ 中计算 $\overline{\Psi}(x_0)$，并且度量为 $\frac{1}{h(x_n)} g^{\partial M} + dx_n^2$。在 $\tilde{U}$ 上 g^M 的对偶度量是 $h(x_n)g^{\partial M} + dx_n^2$。记 $g_{ij}^M = g^M(\frac{\partial}{\partial x_i}, \frac{\partial}{\partial x_j})$，$g_M^{ij} = g^M(dx_i, dx_j)$，则：

$$[g_{i,j}^M] = \begin{bmatrix} \frac{1}{h(x_n)}[g_{i,j}^{\partial M}] & 0 \\ 0 & 1 \end{bmatrix}$$

$$[g_M^{i,j}] = \begin{bmatrix} h(x_n)[g_{\partial M}^{i,j}] & 0 \\ 0 & 1 \end{bmatrix}$$

$$g_M^{\tilde{i}j} = g^M(dx_i, \ dx_j), \ \partial_{x_i}g_{i, \ j}^{\partial M}(x_0) = 0, \ 1 \leqslant i, \ j \leqslant n-1, \ g_{i, \ j}^M(x_0) = \delta_{ij}$$

设 $\{e_1, \cdots, e_{n-1}\}$ 是关于 $g^{\partial M}$ 的沿测地线平行移动的 U 上的正交标架

场且 $e_i = \dfrac{\partial}{\partial x_i}(x_0)$，则有 $\{\widetilde{e_1} = \sqrt{h(x_n)}e_1, \cdots, \widetilde{e_{n-1}} = \sqrt{h(x_n)}e_{n-1}, \ \widetilde{e_n} = dx_n\}$ 是 $\tilde{U}$ 上的关于 g^M 的正交标架场。在局部上 $\wedge^*(T^*\partial M)|\tilde{U} \approx \tilde{U} \times$

$\wedge^*{}_c(\dfrac{n}{2})$。设 $\{f_1, \cdots, f_n\}$ 是 $\wedge^*{}_c(\dfrac{n}{2})$ 的正交基底。采取旋标架场 σ:

$\tilde{U} \to Spin(M)$ 使得 $\pi\sigma = \{\widetilde{e_1}, \cdots, \widetilde{e_{n-1}}\}$，其中 $\pi: Spin(M) \to O(M)$

是双覆盖，那么 $\{[\sigma, f_i], \ 1 \leqslant i \leqslant 4\}$ 是 $\wedge^*(T^*\partial M)|_{\tilde{U}}$ 的正交标架。因为

整体形式 $\overline{\Psi}$ 不依赖于局部标架的选取，所以我们可以在标架

$\{[\sigma, f_i], \ 1 \leqslant i \leqslant 4\}$ 下计算 $tr_{\wedge^*(T^*M)}$。

设 $\{E_1, \cdots, E_n\}$ 是 $\mathbb{R}^n$ 的规范基底且 $c(E_i) \in cl_c(n) \cong$

$Hom(\wedge^*{}_c(\dfrac{n}{2}), \ \wedge^*{}_c(\dfrac{n}{2}))$ 是 Clifford 作用。利用文献［35］，那么

$$c(\widetilde{e_i}) = [(\sigma, \ c(E_i))];$$

$$c(\widetilde{e_i})[(\sigma, \ f_i)] = [(\sigma, \ (c(E_i))f_i)]$$

$$\frac{\partial}{\partial x_i} = [(\sigma, \ \frac{\partial}{\partial x_i})]$$

从而在如上标架下，得出 $\dfrac{\partial}{\partial x_i}c(\widetilde{e_i}) = 0$，作为文献［35］中的引理2.3

的应用，我们有：

引理8.3 扭化符号差算子 $\hat{D}_F^*$，$\hat{D}_F$ 的符号如下：

$$\sigma_0(\hat{D}_F) = -\frac{5}{4}h'(0)c(dx_n) + \frac{1}{4}h'(0)\sum_{i=1}^{n-1}c(\widetilde{e}_i)\hat{c}(\widetilde{e}_n)\hat{c}(\widetilde{e}_t)(x_0)\otimes id_F +$$

$$\sum_{i=1}^{n}c(e_i)\sigma_i^{F,e} - \frac{1}{2}\sum_{i=1}^{n}\hat{c}(e_i)\omega(F,\ g^F)(e_i)$$

$$\sigma_0(\hat{D}_F^*) = -\frac{5}{4}h'(0)c(dx_n) + \frac{1}{4}h'(0)\sum_{i=1}^{n-1}c(\widetilde{e}_i)\hat{c}(\widetilde{e}_n)\hat{c}(\widetilde{e}_t)(x_0)\otimes id_F +$$

$$\sum_{i=1}^{n}c(e_i)\sigma_i^{F,e} - \frac{1}{2}\sum_{i=1}^{n}\hat{c}(e_i)\omega^*(F,\ g^F)(e_i)$$

为了方便起见，记：

$$\theta: \ = -\frac{5}{4}h'(0)c(dx_n) + \frac{1}{4}h'(0)\sum_{i=1}^{n-1}c(\widetilde{e}_i)\hat{c}(\widetilde{e}_n)\hat{c}(\widetilde{e}_t)(x_0)\otimes id_F$$

$$: \ = -\frac{5}{4}h'(0)c(dx_n) + m$$

$$\vartheta^*: \ = \sum_{i=1}^{n}c(e_i)\sigma_i^{F,e} - \frac{1}{2}\sum_{i=1}^{n}\hat{c}(e_i)\omega^*(F,\ g^F)(e_i)$$

$$\vartheta: \ = \sum_{i=1}^{n}c(e_i)\sigma_i^{F,e} - \frac{1}{2}\sum_{i=1}^{n}\hat{c}(e_i)\omega(F,\ g^F)(e_i)$$

令 $\hat{c}(\omega) = \sum_{i=1}^{n}\hat{c}(e_i)\omega(F,\ g^F)(e_i)$ 和 $\hat{c}(\omega^*) = \sum_{i=1}^{n}\hat{c}(e_i)\omega^*(F,\ g^F)(e_i)$，

因此我们得到：

$$\hat{D}_F^*\hat{D}_F = -g^{i,j}\partial_i\partial_j - 2\sigma^j_{\wedge^*(T^*M)\otimes F}\partial_j + \Gamma^k\partial_k - \frac{1}{2}\sum_j[\hat{c}(\omega)c(e_j) + c(e_j)\hat{c}(\omega^*)]e_j -$$

$$g^{i,j}[(\partial_i\sigma^{j,e}_{\wedge^*(T^*M)\otimes F}) + \sigma^i_{\wedge^*(T^*M)\otimes F}\sigma^{j,e}_{\wedge^*(T^*M)\otimes F} - \Gamma^k_{i,j}\sigma^k_{\wedge^*(T^*M)\otimes F}] + \frac{1}{4}s -$$

$$\frac{1}{2}\sum_j\hat{c}(\omega)c(e_j)\sigma^{\wedge^*(T^*M)\otimes F}_j - \frac{1}{2}\sum_j\hat{c}(\omega)e_j\big(\hat{c}(\omega^*)\big) + \frac{1}{4}\hat{c}(\omega)\hat{c}(\omega^*) -$$

$$\frac{1}{2}\sum_j c(e_j)\sigma^{\wedge^*(T^*M)\otimes F}_j\hat{c}(\omega^*) + \frac{1}{2}\sum_{i\neq j}R^{F,e}(e_i,\ e_j)c(e_i)c(e_j)$$

其中，s 是数量曲率，$R^{F, e}$ 是 F 上的曲率张量。

因此，我们得到：

$$
\begin{aligned}
\hat{D}_F^* \hat{D}_F \hat{D}_F^* &= \sum_{i=1}^n c(e_i) \langle e_i, \ dx_l \rangle (-g^{i, j} \partial_i \partial_j) + \sum_{i=1}^n c(e_i) \langle e_i, \ dx_l \rangle \{ -(\partial_l \times \\
& g^{i, j}) - g^{i, j} \times (4\sigma_i^{\wedge^*(T^*M)\otimes F} \partial_j - 2\Gamma_{i, j}^k \partial_k) \partial_l \} + (\theta + \vartheta^*) \times \\
& (-g^{i, j} \partial_i \partial_j) - \frac{1}{2} \sum_{i=1}^n c(e_i) \langle e_i, \ dx_l \rangle \{ 2 \sum_{j, k} [\hat{c}(\omega) c(e_j \times) + c(e_j) \times \\
& \hat{c}(\omega^*)] \langle e_j, \ dx^k \rangle \times \partial_l \partial_k + \sum_{i=1}^n c(e_i) \langle e_i, \ dx_l \rangle \partial_l \{ -g^{i, j} \times \\
& [(\partial_i \sigma_{\wedge^*(T^*M)\otimes F}^{j, e}) + \sigma_{\wedge^*(T^*M)\otimes F}^i \times \sigma_{\wedge^*(T^*M)\otimes F}^{j, e} - \Gamma_{i, j}^k s \sigma_{\wedge^*(T^*M)\otimes F}^k] + \\
& \frac{1}{4} - \frac{1}{2} \sum_j \hat{c}(\omega) c(e_j) \sigma_j^{\wedge^*(T^*M)\otimes F} - \frac{1}{2} \sum_j \hat{c}(\omega) e_j (\hat{c}(\omega^*)) + \\
& \frac{1}{4} \hat{c}(\omega) \hat{c}(\omega^*) - \frac{1}{2} \sum_j c(e_j) \sigma_j^{\wedge^*(T^*M)\otimes F} \hat{c}(\omega^*) + \frac{1}{2} \sum_{i \neq j} R^{F, e} \times \\
& (e_i, \ e_j) c(e_i) c(e_j) \} + (\theta + \vartheta^*) \{ -2\sigma_{\wedge^*(T^*M)\otimes F}^j \partial_j + \Gamma^k \partial_k - \frac{1}{2} \times \\
& \sum_j [\hat{c}(\omega) c(e_j) + c(e_j) \hat{c}(\omega^*)] e_j - g^{i, j} [(\partial_i \sigma_{\wedge^*(T^*M)\otimes F}^{j, e}) + \sigma_{\wedge^*(T^*M)\otimes F}^i \times \\
& \sigma_{\wedge^*(T^*M)\otimes F}^{j, e} - \Gamma_{i, j}^k \sigma_{\wedge^*(T^*M)\otimes F}^k] + \frac{1}{4} s - \frac{1}{2} \sum_j \hat{c}(\omega) c(e_j) \sigma_j^{\wedge^*(T^*M)\otimes F} - \\
& \frac{1}{2} \times \sum_j \hat{c}(\omega) e_j (\hat{c}(\omega^*)) + \frac{1}{4} \hat{c}(\omega) \hat{c}(\omega^*) - \frac{1}{2} \sum_j c(e_j) \sigma_j^{\wedge^*(T^*M)\otimes F} \times \\
& \hat{c}(\omega^*) + \frac{1}{2} \sum_{i \neq j} R^{F, e} (e_i, \ e_j) c(e_i) c(e_j) \} + \sum_{i=1}^n c(e_i) \langle e_i, \ dx_l \rangle \{ g^{i, j} \times \\
& (\partial_l \Gamma_{i, j}^k) \partial_k - 2 \times g^{i, j} (\partial_l \sigma_i^{\wedge^*(T^*M)\otimes F}) \partial_j - 2 (\partial_l g^{i, j}) \sigma_i^{\wedge^*(T^*M)\otimes F} \partial_j - \\
& \frac{1}{2} \sum_j [\partial_l (\hat{c}(\omega) c(e_j) + c(e_j) \hat{c}(\omega^*))] \langle e_j, \ dx^k \rangle \partial_k + (\partial_l g^{i, j}) \times \\
& \Gamma_{i, j}^k \partial_k - \frac{1}{2} \sum_j [\hat{c}(\omega) [c(e_j) + c(e_j) \hat{c}(\omega^*)] \partial_l \langle e_j, \ dx^k \rangle] \partial_k \}
\end{aligned}
$$

利用拟微分算子的合成公式，我们得到：

引理 8.4 设 $\hat{D}_F^*$，$\hat{D}_F$ 是 $\Gamma(\wedge^*(T^*M) \otimes F)$ 上的扭化符号差算

子，则：

$$\sigma_3(\hat{D}_F^* \hat{D}_F \hat{D}_F^*) = ic(\xi)|\xi|^2$$

$$\sigma_2(\hat{D}_F^* \hat{D}_F \hat{D}_F^*) = \sigma_2(D^3) + |\xi|^2 p + |\xi|^2 \vartheta^* + [c(\xi)\hat{c}(\omega)c(\xi) - |\xi|^2 \hat{c}(\omega^*)]$$

其中

$$\sigma_2(D^3) = c(\xi)(4\sigma^k - 2\Gamma^k)\xi_k - \frac{1}{4}|\xi|^2 h'(0)c(dx_n)$$

$$p = \frac{1}{4}h'(0)\sum_{i=1}^5 c(\widetilde{e_i})\hat{c}(\widetilde{e_n})\hat{c}(\widetilde{e_t})(x_0)$$

记

$$\sigma(\hat{D}_F^* \hat{D}_F \hat{D}_F^*) = p_3 + p_2 + p_1 + p_0$$

$$\sigma\left[\left(\hat{D}_F^* \hat{D}_F \hat{D}_F^*\right)^{-1}\right] = \sum_{j=3}^{\infty} q_{-j}$$

根据拟微分算子的符号合成公式，我们得到：

$$1 = \sigma\left((\hat{D}_F^* \hat{D}_F \hat{D}_F^*) \circ (\hat{D}_F^* \hat{D}_F \hat{D}_F^*)^{-1}\right)$$

$$= \sum_\alpha \frac{1}{\alpha!} \partial_\xi^\alpha [\sigma(\hat{D}_F^* \hat{D}_F \hat{D}_F^*)] D_x^\alpha \left[\left(\hat{D}_F^* \hat{D}_F \hat{D}_F^*\right)^{-1}\right]$$

$$= (p_3 + p_2 + p_1 + p_0)(q_{-3} + q_{-4} + q_{-5} + \cdots) + \sum_j (\partial_{\xi_i} p_3 + \partial_{\xi_i} p_4 +$$

$$\partial_{\xi_i} p_1 + \partial_{\xi_i} p_0) \times (D_{x_j} q_{-3} + D_{x_j} q_{-4} + D_{x_j} q_{-5} + \cdots)$$

$$= p_3 q_{-3} + (p_3 q_{-4} + p_2 q_{-3} + \sum_j \partial_{\xi_i} p_3 D_{x_j} q_{-3}) + \cdots$$

通过上式，我们得到：

$$q_{-3} = p_3^{-1}$$

$$q_{-4} = -p_3^{-1}[p_2 p_3^{-1} + \sum_j \partial_{\xi_i} p_3 D_{x_j}(p_3^{-1})]$$

利用引理8.4，从而我们得到扭化符号差算子的另一组符号。

引理 8.5 设 $\hat{D}_F^*$，$\hat{D}_F$ 是 $\Gamma(\wedge^*(T^*M) \otimes F)$ 上的扭化符号差算子，则有：

$$\sigma_{-3}\left((\hat{D}_F^*\hat{D}_F\hat{D}_F^*)^{-1}\right) = \frac{ic(\xi)}{|\xi|^4}$$

$$\sigma_{-4}\left((\hat{D}_F^*\hat{D}_F\hat{D}_F^*)^{-1}\right) = \sigma_{-4}(D^{-3}) + \frac{c(\xi)pc(\xi)}{|\xi|^6} + \frac{c(\xi)\vartheta^*c(\xi)}{|\xi|^6} -$$

$$\frac{c(\xi)\hat{c}(\omega^*)c(\xi)}{|\xi|^6} + \frac{\hat{c}(\omega)}{|\xi|^4}$$

其中

$$\sigma_{-4}(D^{-3}) = \frac{c(\xi)\sigma_2(D^3)c(\xi)}{|\xi|^8} + \frac{c(\xi)}{|\xi|^{10}}\sum_j [c(dx_j)|\xi|^2 + 2\xi_j c(\xi)] \times$$

$$[\partial_{x_j}(c(\xi'))|\xi|^2 - 2c(\xi)\partial_{x_j}(|\xi|^2)]$$

再结合已有的文献 [32] 中的结论：

定理 8.1 对于无边的偶数维为 n 的可定向的紧致的黎曼流形，则有如下等式成立：

$$\widetilde{Wres}\,[\hat{D}_F^*\hat{D}_F]^{\frac{2-n}{2}}$$

$$= \frac{(2\pi)^{\frac{n}{2}}}{(\frac{n}{2}-2)!}\int_M tr[-\frac{1}{12}s + \frac{n}{16}(\hat{c}(\omega^*) - \hat{c}(\omega))^2 - \frac{1}{4}\sum_j \nabla_{e_j}^F(\hat{c}(\omega^*)) \times$$

$$c(e_j) - \frac{1}{4}\hat{c}(\omega^*)\hat{c}(\omega) + \frac{1}{4}\sum_j c(e_j)\nabla_{e_j}^F(\hat{c}(\omega))]\,dvol_M$$

8.3 扭化符号差算子的非交换留数

在这一部分中，我们证明了与 $\hat{D}_F^* \hat{D}_F$ 相关的带边流形的黎曼流形的 Kastler–Kalau–Walze 型定理，即：

$$\widetilde{Wres}\left[\pi^+ \hat{D}_F^{-1} \circ \pi^+\left(\hat{D}_F^* \hat{D}_F \hat{D}_F^*\right)^{-1}\right]$$

$$= \int_M \int_{|\xi|=1} trace_{\wedge^* T^* M \otimes F}\left[\sigma_{-4}\left((\hat{D}_F^* \hat{D}_F)^{-2}\right)\right]\sigma(\xi)dx + \int_{\partial M}\overline{\Psi}$$

其中

$$\overline{\Psi} = \int_{|\xi'|=1} \int_{-\infty}^{+\infty} \sum_{j,\,k=0}^{\infty} \sum \frac{(-i)^{|\alpha|+j+k+l}}{\alpha!(j+k+l)!} \, tr_{\wedge^* T^* M \otimes F}[\partial_{x_n}^j \partial_\xi^\alpha \partial_{\xi_n}^k \sigma_r^+(\hat{D}_F^{-1}) \times$$

$$(x', 0, \xi', \xi_n) \times \partial_{x'}^\alpha \partial_{\xi_n}^{j+1} \partial_{x_n}^k \sigma_l\left((\hat{D}_F^* \hat{D}_F \hat{D}_F^*)^{-1}\right)(x', 0, \xi', \xi_n)]$$

$$d\xi_n \sigma(\xi')dx'$$

且和式满足 $r + l - k - j - |\alpha| - 1 = -6$，$r \leqslant -1$，$l \leqslant -3$。

在局部上，利用定理 8.1 去计算 $\widetilde{Wres}\left[\pi^+ \hat{D}_F^{-1} \circ \pi^+\left(\hat{D}_F^* \hat{D}_F \hat{D}_F^*\right)^{-1}\right]$ 的第一项，则有：

$$\int_M \int_{|\xi|=1} trace_{\wedge^* T^* M}\left[\sigma_{-4}\left((\hat{D}_F^* \hat{D}_F)^{-2}\right)\right]\sigma(\xi)dx$$

$$= 8\pi^3 \int_M tr[-\frac{1}{12}s + \frac{3}{8}(\hat{c}(\omega^*) - \hat{c}(\omega))^2 - \frac{1}{4}\sum_j \nabla_{e_j}^F(\hat{c}(\omega^*))c(e_j) -$$

$$\frac{1}{4}\hat{c}(\omega^*)\hat{c}(\omega) + \frac{1}{4}\sum_j c(e_j)\nabla_{e_j}^F(\hat{c}(\omega))]\,dvol_M$$

所以只需要去计算 $\int_{\partial M}\overline{\Psi}$。

根据 $\overline{\Psi}$ 的定义需满足 $r + l - k - j - |\alpha| - 1 = -6$，$r \leqslant -1$，$l \leqslant -3$。

从而有 $\overline{\Psi}$ 是以下五种情况之和：

情况一：$r = -1$，$l = -3$，$k = j = 0$，$|\alpha| = 1$。

根据 $\overline{\Psi}$ 的定义，我们有：

$$
\text{情况一} = -\int_{|\xi'| = 1} \int_{-\infty}^{+\infty} \sum_{|\alpha| = 1} tr\Big[\partial_{\xi'}^{\alpha} \pi_{\xi_n}^{+} \sigma_{-1}(\hat{D}_F^{-1}) \times
$$

$$
\partial_{x'}^{\alpha} \partial_{\xi_n} \sigma_{-3}\big((\hat{D}_F^* \hat{D}_F \hat{D}_F^*)^{-1}\big)\Big](x_0) \times d\xi_n \sigma(\xi') dx'
$$

根据引理 8.5，对于 $i < n$，我们得到：

$$
\partial_{x_i} \sigma_{-3}\big((\hat{D}_F^* \hat{D}_F \hat{D}_F^*)^{-1}\big)(x_0) = \partial_{x_i}\Big(\frac{ic(\xi)}{|\xi|^4}\Big)(x_0)
$$

$$
= \frac{i\partial_{x_i}\big(c(\xi)\big)(x_0)}{|\xi|^4} - \frac{2ic(\xi)\partial_{x_i}\big(|\xi|^2\big)(x_0)}{|\xi|^6}
$$

$$
= 0
$$

所以情况一是退化的。

情况二：$r = -1$，$l = -3$，$k = |\alpha| = 0$，$j = 1$。

根据 $\overline{\Psi}$ 的定义，我们得到：

$$
\text{情况二} = -\frac{1}{2}\int_{|\xi'| = 1} \int_{-\infty}^{+\infty} tr\Big[\partial_{x_n} \pi_{\xi_n}^{+} \sigma_{-1}(\hat{D}_F^{-1}) \times \partial_{\xi_n}^2 \sigma_{-3}\big((\hat{D}_F^* \hat{D}_F \hat{D}_F^*)^{-1}\big)\Big] \times
$$

$$
(x_0) \times d\xi_n \sigma(\xi') dx'
$$

根据柯西积分公式，我们有：

$$
\pi_{\xi_n}^{+} \partial_{x_n} \sigma_{-1}(\hat{D}_F^{-1})\Big|_{|\xi'| = 1} = \frac{\partial_{x_n}\big(c(\xi')\big)(x_0)}{2(\xi_n - i)} +
$$

$$
ih'(0)\Bigg[\frac{(i\xi_n + 2)c(\xi') + ic(dx_n)}{4(\xi_n - i)^2}\Bigg]
$$

通过直接计算，我们得到：

$$\partial_{\xi_n}^2 \sigma_{-3}\left(\left(\hat{D}_F^* \hat{D}_F \hat{D}_F^*\right)^{-1}\right) = i\left(\frac{(20\xi_n^2 - 4)c(\xi') + 12(\xi_n^3 - \xi_n)c(dx_n)}{|\xi|^8}\right)$$

利用上述两个式子，我们得到：

$$tr\left[\partial_{x_n} \pi_{\xi_n}^+ \sigma_{-1}(\hat{D}_F^{-1}) \times \partial_{\xi_n}^2 \sigma_{-3}\left(\left(\hat{D}_F^* \hat{D}_F \hat{D}_F^*\right)^{-1}\right)\right](x_0)$$

$$= 64h'(0)\dim F\,\frac{-1 - 3i\xi_n + 5\xi_n^2 + 3\xi_n^3 i}{(\xi_n - i)^6 (\xi_n + i)^4}$$

从而，我们得到：

$$情况二 = -\frac{1}{2}\int_{|\xi'|=1}\int_{-\infty}^{+\infty} 8\dim F h'(0)\,\frac{-8 - 24i\xi_n + 40\xi_n^2 + 24\xi_n^3 i}{(\xi_n - i)^6 (\xi_n + i)^4}\,d\xi_n \times$$

$$\sigma(\xi')dx'$$

$$= -\frac{15}{2}\pi\dim F h'(0)\Omega_4 dx'$$

其中 Ω_4 是 S^4 的规范体积。

情况三：$r = -1$，$l = -3$，$j = |\alpha| = 0$，$k = 1$。

利用 $\overline{\Psi}$ 的定义，我们得到：

$$情况三 = -\frac{1}{2}\int_{|\xi'|=1}\int_{-\infty}^{+\infty} tr\left[\partial_{\xi_n}\pi_{\xi_n}^+ \sigma_{-1}^+(\hat{D}_F^{-1}) \times \right.$$

$$\left. \partial_{\xi_n}\partial_{x_n}\sigma_{-3}\left(\left(\hat{D}_F^* \hat{D}_F \hat{D}_F^*\right)^{-1}\right)\right](x_0) \times d\xi_n \sigma(\xi')dx'$$

利用引理 8.5，我们得到：

$$\partial_{\xi_n}\pi_{\xi_n}^+ \sigma_{-1}(\hat{D}_F^{-1})(x_0)\Big|_{|\xi'|=1} = -\frac{c(\xi') + ic(dx_n)}{2(\xi_n - i)^2}$$

从而，我们得到：

$$\partial_{\xi_n} \partial_{x_n} \sigma_{-3} \Big(\big(\hat{D}_F^* \hat{D}_F \hat{D}_F^* \big)^{-1} \Big) (x_0) \Big|_{|\xi'|=1}$$

$$= -\frac{4 i \xi_n \partial_{x_n} \big(c(\xi') \big) (x_0)}{|\xi|^6} + \frac{12 h'(0) i \xi_n c(\xi')}{|\xi|^8} - \frac{(2 - 10 \xi_n^2) h'(0) c(dx_n)}{|\xi|^8}$$

结合以上两个式子，我们得到：

$$tr \Big[\partial_{\xi_n} \pi_{\xi_n}^+ \sigma_{-1} \big(\hat{D}_F^{-1} \big) \times \partial_{\xi_n} \partial_{x_n} \sigma_{-3} \Big(\big(\hat{D}_F^* \hat{D}_F \hat{D}_F^* \big)^{-1} \Big) \Big] (x_0)$$

$$= \frac{8 h'(0) \dim F (8i - 32 \xi_n - 8i \xi_n^2)}{(\xi_n - i)^5 (\xi_n + i)^4}$$

这样我们就得出：

$$\text{情况三} = -\frac{1}{2} \int_{|\xi'|=1} \int_{-\infty}^{+\infty} \frac{8 h'(0) \dim F (8i - 32 \xi_n - 8i \xi_n^2)}{(\xi_n - i)^5 (\xi_n + i)^4} (x_0) d\xi_n \times$$

$$\sigma(\xi') dx'$$

$$= \frac{25}{2} \pi h'(0) \dim F \Omega_4 dx'$$

情况四：$r = -2$，$l = -3$，$k = j = |\alpha| = 0$。

根据 $\overline{\Psi}$ 的定义，我们得到：

$$\text{情况四} = -i \int_{|\xi'|=1} \int_{-\infty}^{+\infty} tr \Big[\pi_{\xi_n}^+ \sigma_{-2} \big(\hat{D}_F^{-1} \big) \times \partial_{\xi_n} \sigma_{-3} \Big(\big(\hat{D}_F^* \hat{D}_F \hat{D}_F^* \big)^{-1} \Big) \Big] (x_0) d\xi_n \times$$

$$\sigma(\xi') dx'$$

一方面，我们有：

$$\partial_{\xi_n} \sigma_{-3} \Big(\big(\hat{D}_F^* \hat{D}_F \hat{D}_F^* \big)^{-1} \Big) = \frac{-4 i \xi_n c(\xi')}{(1 + \xi_n^2)^3} + \frac{i(1 - 3 \xi_n^2) c(dx_n)}{(1 + \xi_n^2)^3}$$

另一方面，因为：

$$\sigma_{-2}(\hat{D}_F^{-1})(x_0) = \frac{c(\xi)\sigma_0(\hat{D}_F)(x_0)c(\xi)}{|\xi|^4} +$$

$$\frac{c(\xi)}{|\xi|^6}c(dx_n)\left[\partial_{x_n}\big(c(\xi')\big)(x_0)|\xi|^2 - c(\xi)h'(0)|\xi|^2_{\partial M}\right]$$

不妨记

$$\pi^+_{\xi_n}\sigma_{-2}(\hat{D}_F^{-1})(x_0)\Big|_{|\xi'|=1} := B_1 + B_2 + B_3 + B_4$$

其中

$$B_1 = \frac{-1}{4(\xi_n - i)}\left[(2 + i\xi_n)c(\xi')\left(-\frac{5}{4}h'(0)c(dx_n)\right)c(\xi') + i\xi_n c(dx_n)\times\right.$$

$$\left(-\frac{5}{4}h'(0)c(dx_n)\right)c(dx_n) + (2 + i\xi_n)c(\xi')c(dx_n)\partial_{x_n}c(\xi') +$$

$$ic(dx_n)\left(-\frac{5}{4}h'(0)c(dx_n)\right)c(\xi') - i\partial_{x_n}c(\xi') + \frac{5}{4}h'(0)ic(\xi')\times$$

$$\big(-c(dx_n)\big)c(dx_n)\big]$$

$$= \frac{1}{4(\xi_n - i)}\left[\frac{5}{2}h'(0)c(dx_n) - \frac{5i}{2}h'(0)c(\xi') - (2 + i\xi_n)c(\xi')c(dx_n)\times\right.$$

$$\partial_{x_n}c(\xi') + i\partial_{x_n}c(\xi')\big]$$

$$B_2 = -\frac{h'(0)}{2}\left[\frac{c(dx_n)}{4i(\xi_n - i)} + \frac{(3\xi_n - 7i)\big(ic(\xi') - c(dx_n)\big)}{8(\xi_n - i)^3} + \right.$$

$$\frac{c(dx_n) - ic(\xi')}{8(\xi_n - i)^2}\big]$$

$$B_3 = \frac{-1}{4(\xi_n - i)}\left[(2 + i\xi_n)c(\xi')pc(\xi') + i\xi_n c(dx_n)pc(dx_n) + (2 + i\xi_n)\times\right.$$

$$c(\xi')c(dx_n)\partial_{x_n}c(\xi') + ic(dx_n)pc(\xi') - i\partial_{x_n}c(\xi') + ic(\xi')\times$$

$$pc(dx_n)\big]$$

$$B_4 = \frac{-1}{4(\xi_n - i)} \left[(2 + i\xi_n)c(\xi')\vartheta c(\xi') + i\xi_n c(dx_n)\vartheta c(dx_n) + (2 + i\xi_n) \times \right.$$

$$c(\xi')c(dx_n)\partial_{x_n}c(\xi') + ic(dx_n)\vartheta c(\xi') - i\partial_{x_n}c(\xi') + ic(\xi')\vartheta \times$$

$$\left. c(dx_n) \right]$$

从而我们有：

$$tr\left\{ B_1 \times \partial_{\xi_n}\sigma_{-3}\left(\left(\hat{D}_F^*\hat{D}_F\hat{D}_F^* \right)^{-1} \right) \right\}(x_0)\bigg|_{|\xi'| = 1}$$

$$= 8h'(0)\dim F \frac{12i\xi_n + 3\xi_n^2 + 3}{4(\xi_n - i)^3(\xi_n + i)^2}$$

类似地，我们得到：

$$tr\left\{ B_2 \times \partial_{\xi_n}\sigma_{-3}\left(\left(\hat{D}_F^*\hat{D}_F\hat{D}_F^* \right)^{-1} \right) \right\}(x_0)\bigg|_{|\xi'| = 1}$$

$$= -8h'(0)\dim F \frac{4i - 11\xi_n - 6i\xi_n^2 + 3\xi_n^3}{(\xi_n - i)^5(\xi_n + i)^3}$$

又因为

$$tr[c(\xi')pc(\xi')c(dx_n)](x_0) = tr[pc(\xi')c(dx_n)c(\xi')](x_0)$$

$$= |\xi'|^2 tr[pc(dx_n)],$$

$$c(dx_n)p(x_0)$$

$$= -\frac{1}{4}h'(0)\sum_{i=1}^{n-1} c(\widetilde{e_i})\hat{c}(\widetilde{e_i})c(\widetilde{e_n})\hat{c}(\widetilde{e_n})$$

$$= -\frac{1}{4}h'(0)\sum_{i=1}^{n-1}[\varepsilon(\widetilde{e_i^*})l(\widetilde{e_i^*}) - l(\widetilde{e_i^*})\varepsilon(\widetilde{e_i^*})] \times$$

$$[\varepsilon(\widetilde{e_n^*})l(\widetilde{e_n^*}) - l(\widetilde{e_n^*})\varepsilon(\widetilde{e_n^*})]$$

又因为

$$tr_{\wedge^n(T^*M)}\{[\varepsilon(\widetilde{e_i^*})l(\widetilde{e_i^*})-l(\widetilde{e_i^*})\varepsilon(\widetilde{e_i^*})][\varepsilon(\widetilde{e_n^*})l(\widetilde{e_n^*})-$$

$$l(\widetilde{e_n^*})\varepsilon(\widetilde{e_n^*})]\}$$

$$= a_{n,m}\langle e_i^*,e_n^*\rangle^2 + b_{n,m}|e_i^*|^2|e_n^*|^2$$

$$= b_{n,m}$$

其中

$$b_{6,m} = \binom{4}{m-2} + \binom{4}{m} - 2\binom{4}{m-1}$$

从而有：

$$tr_{\wedge^n(T^*M)}\{[\varepsilon(\widetilde{e_i^*})l(\widetilde{e_i^*})-l(\widetilde{e_i^*})\varepsilon(\widetilde{e_i^*})][\varepsilon(\widetilde{e_n^*})l(\widetilde{e_n^*})-$$

$$l(\widetilde{e_n^*})\varepsilon(\widetilde{e_n^*})]\}$$

$$= \sum_{m=0}^{6} b_{6,m} = 0$$

从而，在这种情况下，得到 $tr_{\wedge^\cdot(T^*M)}[c(dx_n)p(x_0)] = 0$。我们注意

到 $i < n$，$\int_{|\xi'|=1}\{\xi_{i_1}\cdots\xi_{i_{2d+1}}\}\sigma(\xi') = 0$，所以 $tr_{\wedge^\cdot(T^*M)}[c(\xi')p(x_0)]$ 对于计

算情况四无贡献。所以我们得到：

$$tr\left\{B_3 \times \partial_{\xi_n}\sigma_{-3}\left(\left(\hat{D}_F^*\hat{D}_F\hat{D}_F^*\right)^{-1}\right)\right\}(x_0)\bigg|_{|\xi'|=1}$$

$$= 8h'(0)\dim F\frac{3\xi_n^2 - 3i\xi_n - 2}{(\xi_n - i)^4(\xi_n + i)^3}$$

那么我们有：

$$tr\left\{(B_1 + B_2 + B_3) \times \partial_{\xi_n}\sigma_{-3}\left(\left(\hat{D}_F^*\hat{D}_F\hat{D}_F^*\right)^{-1}\right)\right\}(x_0)\bigg|_{|\xi'|=1}$$

$$= 8h'(0)\dim F\frac{3\xi_n^3 + 9i\xi_n^2 + 21\xi_n - 5i}{(\xi_n - i)^5(\xi_n + i)^3}$$

利用 Clifford 作用和 $tr\,AB = tr\,BA$ 的关系，我们则有如下等式：

$$tr\,[\,c(\widetilde{e_i})c(dx_n)\,] = 0\,(i < n)$$

$$tr\,[\,c(\widetilde{e_i})c(dx_n)\,] = -64\mathrm{dim}F\,(i = n)$$

$$tr\,[\,\hat{c}(\widetilde{e_i})c(\xi')\,] = tr\,[\,\hat{c}(\widetilde{e_i})c(dx_n)\,] = 0$$

那么 $tr\,[\,\vartheta c(\xi')\,]$ 对于情况四的计算无贡献。因此我们得到：

$$tr\left\{B_4 \times \partial_{\xi_n}\sigma_{-3}\left(\left(\hat{D}_F^*\hat{D}_F\hat{D}_F^*\right)^{-1}\right)\right\}(x_0)\bigg|_{|\xi'|=1}$$

$$= -32\mathrm{dim}F\frac{1 + 3i\xi_n}{(\xi_n - i)^4(\xi_n + i)^3}tr\,[\,\sigma_n^{F,\,e}\,]$$

综上所述，我们得到：

$$-i\int_{|\xi'|=1}\int_{-\infty}^{+\infty}tr\left\{\left(B_1 + B_2 + B_3\right) \times \partial_{\xi_n}\sigma_{-3}\left(\left(\hat{D}_F^*\hat{D}_F\hat{D}_F^*\right)^{-1}\right)\right\}(x_0)\times$$

$$d\xi_n\sigma(\xi')dx'$$

$$= \frac{45}{2}\mathrm{dim}F\pi h'(0)\Omega_4 dx'$$

类似上式，我们得到：

$$-i\int_{|\xi'|=1}\int_{-\infty}^{+\infty}tr\left\{B_4 \times \partial_{\xi_n}\sigma_{-3}\left(\left(\hat{D}_F^*\hat{D}_F\hat{D}_F^*\right)^{-1}\right)\right\}(x_0)d\xi_n\sigma(\xi')dx'$$

$$= -16\mathrm{dim}Ftr\,[\,\sigma_n^{F,\,e}\,]\Omega_4 dx'$$

因此，我们最后得出：

$$情况四 = \frac{45}{2}\mathrm{dim}F\pi h'(0)\Omega_4 dx' - 16\mathrm{dim}Ftr\,[\,\sigma_n^{F,\,e}\,]\Omega_4 dx'$$

情况五：$r = -1$，$l = -4$，$k = j = |\alpha| = 0$。

利用 $\overline{\Psi}$ 的定义，我们得到：

情况五 $= -i \int_{|\xi'|=1} \int_{-\infty}^{+\infty} tr \Big[\pi_{\xi_n}^+ \sigma_{-1}^+ (\hat{D}_F^{-1}) \times \partial_{\xi_n} \sigma_{-4} \big((\hat{D}_F^* \hat{D}_F \hat{D}_F^*)^{-1} \big) \Big] (x_0) d\xi_n \times$

$\sigma(\xi') dx'$

$= -i \int_{|\xi'|=1} \int_{-\infty}^{+\infty} tr \Big\{ \pi_{\xi_n}^+ \sigma_{-1}^+ (\hat{D}_F^{-1}) \times \partial_{\xi_n} \Big[\sigma_{-4}(D^{-3}) + \dfrac{c(\xi) p c(\xi)}{|\xi|^6} +$

$\dfrac{c(\xi) \vartheta^* c(\xi)}{|\xi|^6} - \dfrac{c(\xi) \hat{c}(\omega^*) c(\xi)}{|\xi|^6} + \dfrac{\hat{c}(\omega)}{|\xi|^4} \Big] \Big\} (x_0) d\xi_n \sigma(\xi') dx'$

又因为柯西积分公式，我们有：

$$\pi_{\xi_n}^+ \sigma_{-1} (\hat{D}_F^{-1})(x_0)\Big|_{|\xi'|=1} = -\dfrac{c(\xi') + ic(dx_n)}{2(\xi_n - i)}$$

在法坐标系下，若 $j < n$，则 $g^{ij}(x_0) = \delta_i^j$ 和 $\partial_{x_j}(g^{\alpha\beta})(x_0) = 0$；若 $j = n$，则 $\partial_{x_j}(g^{\alpha\beta})(x_0) = h'(0)\delta_\alpha^\beta$。若 $k < n$，有 $\Gamma^k(x_0) = 0$，$\Gamma^n(x_0) = \dfrac{5}{2} h'(0)$。

利用 δ^k 的定义，对于 $k < n$，得出 $\delta^k = \dfrac{1}{4} h'(0) c(\widetilde{e_k}) c(\widetilde{e_n})$ 以及 $\delta^n(x_0) = 0$。根据引理 8.5，我们得到：

$$\sigma_{-4}(D^{-3})(x_0)\Big|_{|\xi'|=1}$$

$= \dfrac{1}{|\xi|^8} c(\xi) \Big[h'(0) c(\xi) \sum_{k<n} \xi_k c(e_k) c(e_n) - 5h'(0) \xi_n c(\xi) -$

$\dfrac{5}{4} h'(0) |\xi|^2 c(dx_n) \Big] c(\xi) + \dfrac{c(\xi)}{|\xi|^{10}} \Big[|\xi|^4 c(dx_n) \partial_{x_n} \big(c(\xi') \big) (x_0) -$

$2h'(0) |\xi|^2 c(dx_n) c(\xi) + 2\xi_n |\xi|^2 c(\xi) \times \partial_{x_n} \big(c(\xi') \big) (x_0) +$

$4\xi_n h'(0) c(\xi) c(\xi) \Big] + h'(0) \dfrac{c(\xi) c(dx_n) c(\xi)}{|\xi|^6}$

$= \dfrac{-17 - 9\xi_n^2}{4(1 + \xi_n^2)^4} h'(0) c(\xi') c(dx_n) c(\xi') + \dfrac{33\xi_n + 17\xi_n^3}{2(1 + \xi_n^2)^4} h'(0) c(\xi') +$

$\dfrac{49\xi_n^2 + 25\xi_n^4}{2(1 + \xi_n^2)^4} \times h'(0) c(dx_n) + \dfrac{1}{(1 + \xi_n^2)^3} c(\xi') c(dx_n) \partial_{x_n} \big(c(\xi') \big) (x_0) -$

$$\frac{3\xi_n}{(1+\xi_n^2)^3} \times \partial_{x_n}\big(c(\xi')\big)(x_0) - \frac{2\xi_n}{(1+\xi_n^2)^3} h'(0)\xi_n c(\xi')(x_0) +$$

$$\frac{1-\xi_n^2}{(1+\xi_n^2)^3} h'(0)c(dx_n)(x_0)$$

因此对上式求偏导:

$$\partial_{\xi_n}\sigma_{-4}\big(D^{-3}\big)(x_0)$$

$$= \frac{59\xi_n + 27\xi_n^3}{2(1+\xi_n^2)^5} h'(0)c(\xi')c(dx_n)c(\xi') + \frac{33 - 180\xi_n^2 - 85\xi_n^4}{2(1+\xi_n^2)^5} \times$$

$$h'(0)c(\xi') + \frac{49\xi_n - 97\xi_n^3 - 50\xi_n^5}{2(1+\xi_n^2)^5} h'(0)c(dx_n) - \frac{6\xi_n}{(1+\xi_n^2)^4} \times$$

$$c(\xi')c(dx_n)\partial_{x_n}\big(c(\xi')\big)(x_0) - \frac{3 - 15\xi_n^2}{(1+\xi_n^2)^4}\partial_{x_n}\big(c(\xi')\big)(x_0) + \frac{4\xi_n^3 - 8\xi_n}{(1+\xi_n^2)^4} \times$$

$$h'(0)c(dx_n) + \frac{2 - 10\xi_n^2}{(1+\xi_n^2)^4} h'(0)c(\xi')$$

综上所述,我们得到:

$$tr\Big[\pi_{\xi_n}^+ \sigma_{-1}^+\big(\hat{D}_F^{-1}\big) \times \partial_{\xi_n}\sigma_{-4}\big(D^{-3}\big)\Big](x_0)\Big|_{|\xi'|=1}$$

$$= 32h'(0)\dim F \frac{i(-17 - 42i\xi_n + 50\xi_n^2 - 16i\xi_n^3 + 29\xi_n^4)}{(\xi_n - i)^5(\xi_n + i)^5}$$

从而

$$-i\int_{|\xi'|=1}\int_{-\infty}^{+\infty} tr\Big[\pi_{\xi_n}^+ \sigma_{-1}^+\big(\hat{D}_F^{-1}\big) \times \partial_{\xi_n}\sigma_{-4}\big(D^{-3}\big)\Big](x_0)d\xi_n\sigma(\xi')dx'$$

$$= -i\int_{|\xi'|=1}\int_{-\infty}^{+\infty} 32h'(0)\dim F \frac{i(-17 - 42i\xi_n + 50\xi_n^2 - 16i\xi_n^3 + 29\xi_n^4)}{(\xi_n - i)^5(\xi_n + i)^5} \times$$

$$d\xi_n\sigma(\xi')dx'$$

$$= -\frac{129}{2}\pi h'(0)\dim F\Omega_4 dx'$$

因此

$$\partial_{\xi_n}\left(\frac{c(\xi)p(x_0)c(\xi)}{|\xi|^6}\right)$$

$$= \frac{c(dx_n)p(x_0)c(\xi') + c(\xi')p(x_0)c(dx_n) + 2\xi_n c(dx_n)p(x_0)c(dx_n)}{(1 + \xi_n^2)^3} -$$

$$\frac{6\xi_n c(\xi)p(x_0)c(\xi)}{(1 + \xi_n^2)^4}$$

这样，我们得到：

$$tr\left[\pi_{\xi_n}^+ \sigma_{-1}^+(\hat{D}_F^{-1}) \times \partial_{\xi_n}\left(\frac{c(\xi)p(x_0)c(\xi)}{|\xi|^6}\right)\right](x_0)\Bigg|_{|\xi'|=1}$$

$$= \frac{i(4i\xi_n + 2)}{2(\xi_n + i)(1 + \xi_n^2)^3} tr[c(\xi')p(x_0)] +$$

$$\frac{4i\xi_n + 2}{2(\xi_n + i)(1 + \xi_n^2)^3} tr[c(dx_n)p(x_0)]$$

我们注意到 $i < n$，$\int_{|\xi'|=1}\{\xi_{i_1}\cdots\xi_{i_{2d+1}}\}\sigma(\xi') = 0$，所以 $tr[c(\xi')p(x_0)]$ 对

于计算情况四无贡献。类似地，我们得到：

$$tr\left[\pi_{\xi_n}^+ \sigma_{-1}^+(\hat{D}_F^{-1}) \times \partial_{\xi_n}\left(\frac{c(\xi)\vartheta^* c(\xi)}{|\xi|^6}\right)\right](x_0)\Bigg|_{|\xi'|=1}$$

$$= \frac{i(4i\xi_n + 2)}{2(\xi_n + i)(1 + \xi_n^2)^3} tr[c(\xi')\vartheta^*] + \frac{4i\xi_n + 2}{2(\xi_n + i)(1 + \xi_n^2)^3} tr[c(dx_n)\vartheta^*]$$

从而

$$-i\int_{|\xi'|=1}\int_{-\infty}^{+\infty} tr\left[\pi_{\xi_n}^+ \sigma_{-1}^+(\hat{D}_F^{-1}) \times \partial_{\xi_n}\left(\frac{c(\xi)\vartheta^* c(\xi)}{|\xi|^6}\right)\right](x_0)d\xi_n \sigma(\xi')dx'$$

$$= -i\int_{|\xi'|=1}\int_{-\infty}^{+\infty} \frac{4i\xi_n + 2}{2(\xi_n + i)^4(\xi_n - i)^3} tr[-\mathrm{id} \otimes \sigma_n^{F,e}]d\xi_n \sigma(\xi')dx'$$

$$= 12\pi \dim Ftr[\sigma_n^{F,e}]\Omega_4 dx'$$

类似地，我们得到：

$$-i\int_{|\xi'|=1}\int_{-\infty}^{+\infty} tr\left[\pi_{\xi_n}^+\sigma_{-1}^+(\hat{D}_F^{-1})\times\partial_{\xi_n}\left(-\frac{c(\xi)\hat{c}(\omega^*)c(\xi)}{|\xi|^6}+\frac{\hat{c}(\omega)}{|\xi|^4}\right)\right](x_0)\times$$

$$d\xi_n\sigma(\xi')dx' = 4\pi\dim Ftr[\omega(F,\ g^F)(e_n)]\Omega_4 dx' - 12\pi\dim F\times$$

$$tr[\omega^*(F,\ g^F)(e_n)]\Omega_4 dx'$$

综上所述，我们有：

$$情况五 = -\frac{129}{2}\pi h'(0)\dim F\Omega_4 dx' + 12\pi\dim Ftr[\sigma_n^{F,e}]\Omega_4 dx' +$$

$$4\pi\dim Ftr[\omega(F,\ g^F)(e_n)]\Omega_4 dx' - 12\pi\dim F\times$$

$$tr[\omega^*(F,\ g^F)(e_n)]\Omega_4 dx'$$

又因为 $\overline{\Psi}$ 是情况一至五之和，那么我们得到：

$$\overline{\Psi} = 23\pi h'(0)\dim F\Omega_4 dx' - 4\pi\dim Ftr[\sigma_n^{F,e}]\Omega_4 dx' +$$

$$4\pi\dim Ftr[\omega(F,\ g^F)(e_n)]\Omega_4 dx' - 12\pi\dim F\times$$

$$tr[\omega^*(F,\ g^F)(e_n)]\Omega_4 dx'$$

利用文献［35］中的（4.2），我们得到：

$$K = \sum_{1\leqslant i,j\leqslant n-1} K_{i,j}g_{\partial M}^{i,j};\ K_{i,j} = -\Gamma_{i,j}^n$$

且 $K_{i,j}$ 是第二基本形式或内在曲率。对于 $n=6$，从而有：

$$K(x_0) = \sum_{1\leqslant i,j\leqslant n-1} K_{i,j}(x_0)g_{\partial M}^{i,j}(x_0) = \sum_{i=1}^5 K_{i,i} = -\frac{5}{2}h'(0)$$

因此我们得到结论：

定理8.2 设 M 是6维带有边界为 ∂M 的紧致旋流形，则有：

$$\widetilde{Wres}\,[\,\pi^+\hat{D}_F^{-1}\circ\pi^+\big(\hat{D}_F^*\hat{D}_F\hat{D}_F^*\big)^{-1}]=8\pi^3\!\int_M tr\,[-\frac{1}{12}s+\frac{3}{8}\,(\hat{c}(\omega^*)-$$

$$\hat{c}(\omega))^2-\frac{1}{4}\sum_j\nabla^F_{e_j}(\hat{c}(\omega^*))c(e_j)-\frac{1}{4}\hat{c}(\omega^*)\hat{c}(\omega)+\frac{1}{4}\sum_j c(e_j)\times$$

$$\nabla^F_{e_j}(\hat{c}(\omega))\,]\,dvol_M+\int_{\partial M}\{-\frac{46}{5}K\pi\dim F-4\pi\dim F tr\,[\,\sigma^{F,\,e}_6\,]+$$

$$4\pi\dim F tr\,[\,\omega^*(F,\ g^F)(e_6)\,]-12\pi\dim F tr\,[\,\omega(F,\ g^F)(e_n)\,]\}\,\Omega_4 dx'$$

其中 s 是数量曲率。

参考文献

[1]   ACKERMANN T.A note on the Wodzicki residue [J]. Journal of Geometry and Physics, 1996, 20 (4): 404-406.

[2]   ACKERMANN T, TOLKSDORF J.A generalized Lichnerowicz formula, the Wodzicki residue and gravity [J]. Journal of Geometry and Physics, 1996, 19 (2): 143-150.

[3]   ADLER M.On a trace functional for formal pseudo-differential operators and the symplectic structure of Korteweg-de Vries type equations [J]. Inventiones mathematicae, 1978, 50 (3): 219-248.

[4]   BISMUT J, ZHANG W.An extension of a theorem by Cheeger and Müller [J]. Astérisque, 1992 (205).

[5]   CAPOGNA L, DANIELLI D, PAULS S, et al. An introduction to the Heisenberg group and the sub-Riemannian isoperimetric problem [M]. Berlin: Springer Science and Business Media, 2007.

[6] CONNES A.The action functinal in noncommutative geometry [J]. Com
-munications in Mathematical Physics, 1988, 117 (4): 673-683.

[7] DANIELLI D, GAROFALO N, NHIEU D.Integrability of the sub-Riemanni
-an mean curvature of surfaces in the Heisenberg group [J]. Proceedings of
the American Mathematical Society, 2012, 140 (3): 811-821.

[8] FASTENAKELS J, MUNTEANU M, VAN DER VEKEN J.Constant angle
surfaces in the Heisenberg group [J]. Acta Mathematica Sinica, English
Series, 2011, 27 (4): 747-756.

[9] FEDOSOV B V, GOLSE F, LEICHENAM E, et al. The noncommutative
residue for manifolds with boundary [J]. Journal of Functional Analysis,
1996, 142 (1): 1-31.

[10] GILKEY P.Invariance theory, the heat equation, and the Atiyah-Singer
index theorem [J]. Mathematics Lecture Series, 1984 (11).

[11] GILKEY P, KIRSTEN K, PARK J.Heat content asymptotics for operators of
Laplace type with spectral boundary conditions [J]. Letters in Mathematical
Physics, 2004, 68 (2): 67-76.

[12] GRUBB G, SCHROHE E.Trace expansions and the noncommutative residue
for manifolds with boundary [J]. Journal Fur Die Reine Und Angewandte
Mathematik, 2001 (536): 167-207.

[13] GUILLEMIN V.A new proof of Weyl's formula on the asymptotic distribution
of eigenvalues [J]. Advances in Mathematics, 1985, 55 (2): 131-160.

[14] HANISCH F, PFÄFFLE F, STEPHAN C.The spectral action for Dirac
operators with skew-symmetric torsion [J]. Communications in Mathematical
Physics, 2010, 300 (3): 877-888.

[15] IOCHUM B, LEVY C. Tadpoles and commutative spectral triples [J].
      Journal of Noncommutative Geometry, 2011, 5 (3): 299-329.

[16] KALAU W, WALZE M.Gravity, noncommutative geometry and the Wodzicki
      residue [J]. Journal of Geometry and Physics, 1995, 16 (4): 327-344.

[17] KASTLER D.The Dirac operator and gravitation [J]. Communications in
      Mathematical Physics, 1995, 166 (3): 633-643.

[18] LÓPEZ J, KORDYUKOV Y, LEICHTNAM E. Analysis on Riemannian
      foliations of bounded geometry [J]. Münster Journal of Mathematics,
      2020, 13 (2).

[19] PONGE R. Noncommutative geometry and lower dimensional volumes in
      Riemannian geometry [J]. Letters in Mathematical Physics, 2008, 83 (1):
      19-32.

[20] SCHROHE E. Noncommutative residue, Dixmier's trace, and heat trace
      expansions on manifolds with boundary [J]. American Mathematical Society
      Translations, 1999, 242: 161-186.

[21] SITARZ A, ZAJAC A.Spectral action for scalar perturbions of Dirac operators
      [J]. Letters in Mathematical Physics, 2011, 98 (3): 333-348.

[22] UGALDE W J.Differential forms and the Wodzicki residue [J]. Journal of
      Geometry and Physics, 2008, 58 (12): 1739-1751.

[23] WALCZAK S.Collapse of warped foliations [J]. Differential Geometry and Its
      Applications, 2007, 25 (6): 649-654.

[24] WALCZAK S. Warped compact foliations Ann [J]. Annales Polonici
      Mathematici, 2008, 94 (3): 231-243.

[25] WALCZAK S. On the geometry of warped foliations [J]. Mathematics,

2010: 2227-7390.

[26] WANG J, WANG Y. The Kastler-Kalau-Walze type theorem for six-dimensional manifolds with boundary [J]. Journal of Mathematical Physics, 2015 (56): 052501.

[27] WANG J, WANG Y.A Kastler-Kalau-Walze type theorem for 7-dimensional manifolds with boundary [J]. Abstract and Applied Analysis, 2014: 1-18.

[28] WANG J, WANG Y. A Kastler-Kalau-Walze type theorem for five-dimensional manifolds with boundary [J]. International Journal of Geometric Methods in Modern Physics, 2015, 12 (5): 1550064.

[29] WANG J, WANG Y. A general A Kastler-Kalau-Walze type theorem for manifolds with boundary [J]. International Journal of Geometric Methods in Modern Physics, 2016, 13 (1): 1650003.

[30] WANG J, WANG Y. Nonminimal operators and non-commutative residue [J]. Journal of Mathematical Physics, 2012, 53 (7): 072503.

[31] WANG J, WANG Y. Noncommutative residue and sub-Dirac operators for foliations [J]. Journal of Mathematical Physics, 2013, 54 (1): 012501.

[32] WANG J, WANG Y.Twisted Dirac operators and the noncommutative residue for manifolds with boundary [J]. Journal of Pseudo-Differential Operators and Applications, 2016, 7 (2): 181-211.

[33] WANG Y. Differential forms and the Wodzicki residue for manifolds with boundary [J]. Journal of Geometry and Physics, 2006, 56 (5): 731-753.

[34] WANG Y.Differential forms and the noncommutative residue for manifolds with boundary in the nonproduct case [J]. Letters in Mathematical Physics, 2006, 77 (1): 41-51.

[35]   WANG Y.Gravity and the noncommutative residue for manifolds with boundary
        [J]. Letters in Mathematical Physics, 2007, 80 (1): 37-56.

[36]   WANG Y.Lower-dimensional volumes and Kastler-Kalau-Walze type theorem
        for manifolds with boundary [J]. Communications in Theoretical Physics,
        2010, 54 (1): 38-42.

[37]   WEI S, WANG Y.Modified Novikov operators and the Kastler-Kalau-Walze type
        theorem for manifolds with boundary [J]. Advances in Mathematical Physics,
        2020 (1): 1-28.

[38]   WEI S, WANG Y. Twisted Dirac operators and Kastler-Kalau-Walze
        theorems for six-dimensional manifolds with boundary [J]. International of
        Geometric Methods in Modern Physics, 2020, 17 (14).

[39]   WODZICKI M. Local invariants of spectral asymmetry [J]. Inventiones
        mathematicae, 1984, 75 (1): 143-178.

[40]   ZHANG W. Sub-signature operators, ηinvariants and a Riemann-Roch
        theorem for flat vector bundles [J]. Chinese Annals of Mathematics, Series
        B, 2004, 25B (1): 7-36.

[41]   OPOZDA B.Bochner's technique for statistical structures [J]. Annals of
        Global Analysis and Geometry, 2015, 48 (4): 357-395.

[42]   VON MISES R. Probability, statistics, and truth [J]. Bulletin of the
        American Mathematical Society, 1939 (45): 815-817.

[43]   陈维恒. 微分几何引论 [M]. 北京: 高等教育出版社, 2013.

索引